制药工艺学综合实验

陈敬华　史劲松　主编

科学出版社

北　京

内 容 简 介

本书在"江苏省高等教育教学改革研究课题——涵盖复杂工程问题的制药工程实践教学体系的构建与实践"的教改成果基础上,设计了化学制药和生物制药两大模块的综合实验教学体系,以期培养符合我国制药工业发展需求的高级工程技术人才。

本书从原料药制备、原料药质量研究、药物制剂制备与质量控制,以及药效评价等方面系统性地构建学科认知体系,可作为制药工程专业本科学生的实验教材,也可满足制药工程相关企业员工培训的需求。

图书在版编目(CIP)数据

制药工艺学综合实验 / 陈敬华,史劲松主编. —北京:科学出版社,2018.12

　ISBN 978-7-03-059572-0

　Ⅰ.①制⋯　Ⅱ.①陈⋯　②史⋯　Ⅲ.①制药工业 - 生产工艺 - 实验　Ⅳ.①TQ460.6-33

中国版本图书馆CIP数据核字(2018)第260879号

责任编辑:席　慧　刘　晶 / 责任校对:严　娜
责任印制:张　伟 / 封面设计:铭轩堂

科学出版社 出版
北京东黄城根北街 16 号
邮政编码:100717
http://www.sciencep.com

北京捷迅佳彩印刷有限公司 印刷
科学出版社发行　各地新华书店经销

*

2018 年 12 月第 一 版　开本:720×1000　1/16
2020 年 1 月第二次印刷　印张:11 1/2
字数:228 000

定价:39.00 元
(如有印装质量问题,我社负责调换)

《制药工艺学综合实验》编写委员会

主　编　陈敬华　史劲松

副主编　王文龙　李　会　唐春雷

编　委　蔡燕飞　蒋　敏　周　莹　纪　倩

制药工业在保证人们的身体健康、解决病患痛苦、提高人们的生活质量等方面起着非常重要的作用，是保障国计民生的基础产业。制药工程专业建立在化学、药学、生物技术、工程学及管理学的基础上，解决药品生产过程中的工程技术问题，是目前世界主要经济体重点关注、发展的学科。作为制药工业高科技人才的孵化基地，高校必须通过教学改革，培养出具有高度社会责任感和健全人格，具有创新精神、经济观念、法制观念、环保意识、团队精神和管理能力的高级工程技术人才，在新药研发、药物生产、质量控制、药物制剂、现代制药工程技术等方面发挥重要作用。

为持续提升江南大学制药工程品牌专业内涵，适应制药行业新技术、新业态的发展需求，我们以"江苏省高等教育教学改革研究课题——涵盖复杂工程问题的制药工程实践教学体系的构建与实践"为契机，通过构建涵盖复杂工程问题的制药工程实践教学体系，实施具有学科融合、产业全周期、综合化、创新型实践课程改革，探索制药工程专业工程教育的新模式。目前制药工程专业已建立了能够满足实践教学的校内 GMP 车间及两条制药中试生产线，开发了交互性好、体验性强的一套生物药物制造全流程仿真生产线，完善了虚拟仿真实践平台，2018年国家级示范性虚拟仿真实验教学项目"生物药物重组人干扰素 α2b 注射剂生产线的虚拟仿真教学项目"正在申报中。

本书在前期实验教学和教改成果的基础上，以对乙酰氨基酚、那格列奈、硝苯地平、苯佐卡因、索拉非尼及重组人干扰素 α2b 等典型药物为载体，分别从原料药制备、原料药质量研究、药物制剂制备与质量控制及药效评价等方面系统性地构建学科认知体系，通过化学制药和生物制药两大模块的综合实验，培养学生的综合创新能力，充分体现了人才培养过程中化学、生物学、药学和工程学等学科知识的交叉运用特点，为解决当前全国高等院校制药工程专业实验教材不实用、与企业生产实践脱节等问题提供了新方案，为培养具备综合专业理论知识、实验技能和工程实践能力的制药人才提供新的特色教材。相关实验视频，感兴趣的读者可以从以下链接获得：http://pepc.jiangnan.edu.cn/info/1071/1192.htm。

金坚教授、林霞副教授，以及张旦旦、高越颖、刘蕾、杨丽烽、韩金娥、钱建瑛、王睿、徐晓宇等江南大学药学院实验教师团队成员为本书的顺利出版做了大量的工作，对他们表示衷心的感谢！

　　作为制药工程专业实验教学的尝试和探索，本书难免存在不尽如人意之处，恳请各位读者提出宝贵建议和意见。

编　者

2018 年 10 月

目录

Contents

前　言

第一章　**解热镇痛药对乙酰氨基酚**　　　001

实验一　对乙酰氨基酚的合成　　　002

实验二　对乙酰氨基酚原料药质量研究　　　004

实验三　对乙酰氨基酚缓释制剂的制备及质量评价　　008

实验四　对乙酰氨基酚注射剂的制备及质量评价　　015

实验五　对乙酰氨基酚注射剂的镇痛作用研究　　020

第二章　**降糖药那格列奈**　　　023

实验一　那格列奈原料药的合成　　　024

实验二　那格列奈原料药质量研究　　　027

实验三　那格列奈片剂制备及质量评价　　　031

实验四　那格列奈片降糖作用研究　　　035

第三章　**心血管药硝苯地平**　　　038

实验一　硝苯地平原料药的合成　　　038

实验二　硝苯地平原料药质量研究　　　041

实验三　硝苯地平固体分散体的制备及质量评价　　043

实验四　硝苯地平对离体血管环张力影响的研究　　046

第四章　**局部麻醉药苯佐卡因**　　　050

实验一　苯佐卡因原料药的合成　　　050

实验二　苯佐卡因原料药质量研究　　　054

实验三　苯佐卡因膜剂的制备及质量评价　　　057

实验四　苯佐卡因凝胶剂的制备及质量评价　　　061

实验五 苯佐卡因的局麻作用研究 063

第五章 抗肝癌药物索拉非尼 065

实验一 索拉非尼原料药的合成 065

实验二 甲苯磺酸索拉非尼原料药质量研究 068

实验三 索拉非尼片剂的制备及质量评价 072

实验四 索拉非尼固体脂质纳米粒的制备及质量评价 075

实验五 索拉非尼对 H22 荷瘤小鼠的抗肿瘤
作用研究 078

第六章 大肠杆菌表达系统制备重组人干扰素 α2b 081

实验一 E.coli IFN-α2b 工程菌的制备 082

实验二 E.coli IFN-α2b 工程菌的罐上发酵 103

实验三 大肠杆菌表达的重组人干扰素 α2b
蛋白质纯化 111

**第七章 毕赤酵母表达系统制备人血清白蛋白
和干扰素 α2b 融合蛋白** 120

实验一 工程菌毕赤酵母 GS115-HSA-IFN-α2b
的制备 121

实验二 工程菌毕赤酵母 GS115-HSA-IFN-α2b
的罐上发酵 129

实验三 毕赤酵母分泌表达的人血清白蛋白和
干扰素 α2b 融合蛋白纯化 132

**第八章 CHO 细胞表达系统制备人血清白蛋白和
干扰素 α2b 融合蛋白** 135

实验一 CHO-HSA-IFN-α2b 工程细胞的制备 136

实验二 CHO-HSA-IFN-α2b 工程细胞的罐上发酵 145

实验三 CHO 系统表达的人血清白蛋白和干扰素
α2b 融合蛋白纯化 147

第九章　原料药的质量评价　149

实验一　纯化样品的蛋白质含量和纯度的检测　150

实验二　纯化样品的生物学活性测定　153

实验三　纯化样品的免疫印迹实验　157

实验四　纯化样品的外源 DNA 残余量检测　159

实验五　纯化样品的宿主菌蛋白质残留量检测　161

实验六　纯化样品的细菌内毒素检测　162

实验七　纯化样品的紫外光谱检测　165

第十章　重组人干扰素 α2b 制剂的制备及质量评价　167

实验一　注射用重组人干扰素 α2b 冻干粉针的
制备与质量检查　167

实验二　重组人干扰素 α2b 栓剂的制备及
质量评价　170

第一章 解热镇痛药对乙酰氨基酚

解热镇痛药广泛应用于常见病、多发病，具有解热、镇痛、消炎和抗风湿等药理功能。从化学结构上看，解热镇痛药主要分为水杨酸类（如阿司匹林、乙酰水杨酸铝、贝诺酯）、乙酰苯胺类（如非那西丁、对乙酰氨基酚）及吡唑酮类（如安替比林、氨基比林、安乃近）。

本章选用的解热镇痛药对乙酰氨基酚（acetaminophen，扑热息痛），属于乙酰苯胺类非甾体抗炎药物。其通过抑制下丘脑体温调节中枢前列腺素合成酶，减少前列腺素 PGE1 的合成和释放，导致扩张外周血管、使机体出汗而达到解热的作用；通过抑制 PGE1、缓激肽（bradykinin，BK）和组胺（histamine）等的合成和释放，提高痛阈从而起到镇痛作用，属于仅对轻、中度疼痛有效的外周性镇痛药，作用较阿司匹林弱。常规剂量下，对乙酰氨基酚的不良反应报道很少，偶尔可引起恶心、呕吐、出汗、腹痛、皮肤苍白等，少数病例可发生过敏性皮炎（皮疹、皮肤瘙痒等）、粒细胞缺乏、血小板减少、贫血、肝功能损害等，很少引起胃肠道出血。

1873 年，Morse 在锡存在的条件下，将 4-硝基苯酚和冰醋酸反应制备得到对乙酰氨基酚，但并未作为药品广泛使用。1893 年，von Mering 发现部分服用过非那西丁的患者的尿液中可检测出对乙酰氨基酚，并从中提取得到了白色晶体。1899 年，乙酰苯胺（退热冰）被证实为对乙酰氨基酚的代谢产物，但研究并未深入展开。1948 年，伯纳德等发现在人体内真正具有解热镇痛作用的并非退热冰本身，而是它的代谢产物对乙酰氨基酚。非那西丁及退热冰等药物都会引起较大的不良反应，而对乙酰氨基酚直接用于患者时则几乎没有不良反应，从而使得对乙酰氨基酚被应用到医学领域。1955 年，对乙酰氨基酚制剂（商品名：泰诺）在美国上市；次年，其作为阿司匹林的替代物在英国公开出售，商品名为"必理通"。近年来，国内对乙酰氨基酚制剂开发使用日渐成熟，现有的剂型包含片剂、咀嚼片、泡腾片、注射剂、栓剂、颗粒剂、凝胶剂、滴剂和胶囊剂等。

实验一　对乙酰氨基酚的合成

【实验目的】

（1）掌握对乙酰氨基酚的性状、特点和化学性质。

（2）掌握对氨基苯酚的选择性乙酰化方法。

（3）掌握易氧化产品的重结晶精制方法。

【实验原理】

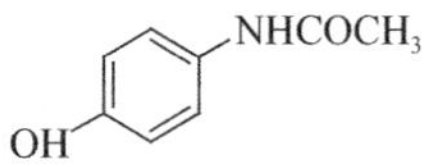

图 1-1　对乙酰氨基酚分子式

对乙酰氨基酚，又名扑热息痛（图 1-1），解热镇痛药，临床上用于发热、头痛、神经痛、痛经等。本品为白色结晶或结晶性粉末，在热水或乙醇中的溶解度较大，可以溶解于丙酮，在水中略溶。其合成路线如图 1-2 所示。

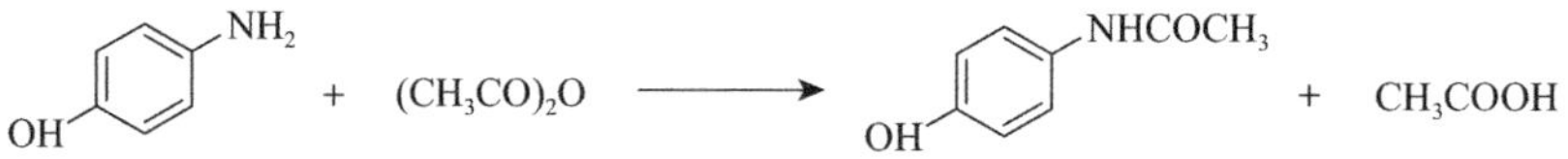

图 1-2　对乙酰氨基酚的合成路线

【重点提示】

常见的乙酰化试剂包括乙酰氯、乙酸酐、乙酸、乙酸乙酯等。在对乙酰氨基酚的工业生产中，使用乙酸酐作为酰化试剂具有选择性高、收率高、易于控制等优点。

【实验材料】

对氨基苯酚（11 g），水（30 mL），乙酸酐（12 mL），活性炭（1 g），亚硫酸氢钠（0.5 g），0.5% 亚硫酸氢钠溶液（20 mL）。

【实验步骤】

笔　记

1. 对乙酰氨基酚的制备

在集热式磁力搅拌器中，安装配有磁性搅拌子、温度计、回流冷凝管的三颈瓶（250 mL），即对乙酰氨基酚的制备装置（图 1-3）；在三颈瓶中加入对氨基苯酚（11 g）和水（30 mL），开动搅拌，加热到 50℃；自滴液漏斗逐滴加入乙酸酐（12 mL），控制滴加速度在 30 min 完成；升温到 80℃，保温 2 h；冷却到室温，即有结晶析出；抽滤，冷水洗涤滤饼两次，抽干得粗品。

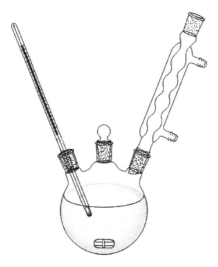

图 1-3　对乙酰氨基酚的制备装置

2. 精制

将粗品移至圆底烧瓶（100 mL）中，每克粗品加水 5 mL，电热套加热使溶解；稍冷后加入活性炭（1 g），回流 15 min；在抽滤瓶中先加入亚硫酸氢钠（0.5 g），趁热抽滤，滤液趁热转移至烧杯（100 mL）中；放冷析晶，抽滤，滤饼以 0.5% 亚硫酸氢钠溶液（20 mL）分 2 次洗涤，抽干得产品；将产品转移至培养皿中，干燥后计算产量和产率。熔点为 168～172℃。

【注意事项】

（1）用作原料的对氨基苯酚为白色或淡黄色颗粒状结晶。

（2）本反应体系中用水作为溶剂。因为水的参与，乙酸酐可优先与氨基进行酰化，而不是羟基；如果用乙酸替代，则该反应的选择性难以控制，并且会延长反应时间及降低产品质量。

（3）在酰化过程中应当严格控制温度，也可通过氮气保护防止对氨基苯酚氧化，以保证产物纯度。

（4）亚硫酸氢钠为抗氧剂，但浓度不宜太高。

（5）精制抽滤过程中应首先用水润湿滤纸，玻璃棒引流至滤纸中心抽滤，避免活性炭抽入滤瓶中造成污染。

（6）杂质的可能来源：①未反应的原料对氨基苯酚；②对乙酰氨基酚水解产生的对氨基苯酚。

【思考题】

（1）如果采用冰醋酸作酰化剂制备对乙酰氨基酚，其实验方案和反应装置如何？为什么？

（2）对乙酰氨基酚重结晶时加入亚硫酸氢钠的目的是什么？

（3）阿司匹林的制备和对乙酰氨基酚的制备这两个实验都是采用乙酸酐作酰化剂，但是乙酸酐的加入方法却不同，为什么？

实验二　对乙酰氨基酚原料药质量研究

【实验目的】

（1）掌握对乙酰氨基酚原料药的鉴别方法。

（2）掌握对乙酰氨基酚原料药的检测方法。

（3）掌握对乙酰氨基酚原料药的含量测定方法。

【实验原理】

对乙酰氨基酚，分子式为 $C_8H_9NO_2$，相对分子质量为 151.16。本品为白色结晶或结晶性粉末，无嗅。在水中略溶，易溶于热水、乙醇和丙酮，熔点为168～172℃。分子中的羟基和乙酰胺基容易与铁离子形成配位键而显色；乙酰胺基在碱性条件下水解生成氨基，在亚硝酸钠作用下容易与氨基化合物形成偶氮化合物。

【重点提示】

（1）根据分离机制不同，高效液相色谱可分为四种类型：分配色谱、吸附色谱、离子交换色谱、凝胶色谱。

（2）相对标准偏差（relative standard deviation，RSD）定义为标准偏差与测量结果算术平均值的比值。

$$相对标准偏差（RSD）=\frac{标准偏差（SD）}{计算结果的算术平均值（X）}\times100\%$$

【实验仪器及材料】

1. 实验仪器

分析天平、紫外-可见分光光度计、红外光谱仪、高效液相色谱仪、研钵、

pH 计、纳氏比色管等。

2. 实验材料

对乙酰氨基酚、三氯化铁、稀盐酸、亚硝酸钠试液、碱性β-萘酚试液、溴化钾、氯化钠、硝酸银试液、硫酸钾、甲醇、对氨基苯酚、氢氧化钠、乙酸钠等。

【实验步骤】

1. 鉴别

1）三氯化铁显色实验　取对乙酰氨基酚原料药的水溶液，加三氯化铁试液，样品溶液显蓝紫色。

2）酸解反应　称取对乙酰氨基酚原料药（约 0.1 g），溶解于稀盐酸（5 mL），水浴中加热 40 min，放至室温；在对乙酰氨基酚原料药的稀盐酸溶液中（0.5 mL）滴加亚硝酸钠试液 5 滴，摇匀，加入去离子水 3 mL 稀释，再加入碱性-萘酚试液 2 mL，振摇，合格品应显红色。

3）红外光谱检测　取对乙酰氨基酚原料药干燥品约 1 mg，与 200 mg 左右溴化钾混合，置于玛瑙研钵中研磨成均匀细粉，并在专用的压片模具中加压成透明薄片（图 1-4），置于红外光谱仪中进行检测，获得图谱与标准图谱进行对照。

2. 检查

1）酸度检查　取苯二甲酸盐标准溶液（pH 4）及磷酸盐标准溶液（pH 6.85）作为 pH 计校正标准缓冲液。以磷酸盐缓冲溶液定位 pH 计，并以苯二甲酸盐缓冲溶液核对仪器示值，保证示值与规定数值相差小于 0.02 pH 单位。取对乙酰氨基酚原料药 0.10 g，加水 10 mL 使溶解。依照仪器使用方法，测定 pH 应为 5.5～6.5。

2）氯化物检查　称取氯化钠 0.165 g，置于 1000 mL 量瓶中，加水稀释至刻度，摇匀，作为贮备液。临用前，精密量取贮备液 10 mL，置 100 mL 量瓶中，加水稀释至刻度，摇匀，即得标准氯化钠溶液。取对乙酰氨基酚原料药 2.0 g，加水 100 mL，加热溶解后，冷却，滤过，取滤液 25 mL 再加稀硝酸 10 mL，置 50 mL 纳氏比色管中，加水至约 40 mL，摇匀，即得供试品溶液。另取 5 mL 标准氯化钠溶液，分别加入硝酸银试液 1.0 mL，用水稀释成约 50 mL，摇匀，在暗处放置 5 min，同置

笔　记

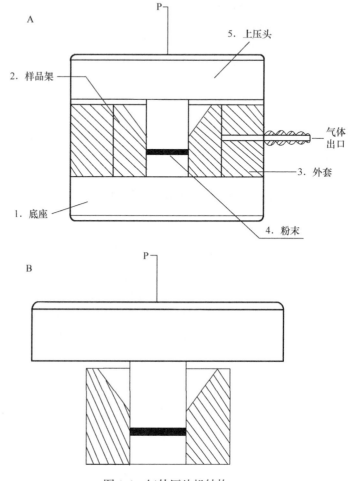

图 1-4　红外压片机结构

A. 压片示意图；B. 取片示意图。P 代表模压杆

黑色背景上，从比色管上方向下观察、比较。

3）硫酸盐检查　　量取氯化物检查时剩余的滤液 25 mL，与硫酸钾溶液 1.0 mL 制成的对照液比较。

4）对氨基苯酚及有关物质检查　　取对乙酰氨基酚原料药适量，精密称定，加溶剂（甲醇：水＝4：6）制成浓度为 20 mg/mL 的溶液，作为供试品溶液。另取对氨基苯酚对照品和对乙酰氨基酚对照品适量，精密称定，加上述溶剂溶解并制成 1 mL 中约含对氨基苯酚 1 μg、对乙酰氨基酚 20 μg 的混合溶液，作为对照品溶液。

按照高效液相法试验：色谱柱为 C18；流动相为磷酸盐缓冲液－甲醇（90∶10）；流速为 1.0 mL/min；检测波长为 245 nm；柱温为 40℃；进样量为 10 μL。理论塔板数按对乙酰氨基酚峰计算，应不低于 2000。

供试品中，如有对氨基苯酚峰，以外标法计算含量，不得超过 0.005%，其他杂质总量不得超过 0.5%。

3．含量测定

1）紫外分光光度法　　取对乙酰氨基酚原料药约 40 mg，精密称定，置于 250 mL 容量瓶中，加 0.4% 氢氧化钠溶液 50 mL 溶解后，加水至刻度，摇匀，精密量取 5 mL，置于 100 mL 量瓶中，加 0.4% 氢氧化钠溶液 10 mL，加水至刻度，摇匀。272 nm 处进行紫外分光光度测定。

2）高效液相色谱法　　色谱柱为 SHIMADZU Shim-pack C18（5 μm，4.6 mm×150 mm）；流动相为甲醇－0.1% 乙酸钠溶液（30∶70，冰醋酸调节至 pH 3.5）；流速为 1.0 mL/min；检测波长为 272 nm；柱温为 35℃；进样量为 10 μL。理论塔板数按对乙酰氨基酚峰计算，应不低于 3000。

对照品溶液的制备：精密称取对乙酰氨基酚对照品 65 mg，置 100 mL 量瓶中，加 0.1% 乙酸的甲醇溶液 30 mL 溶解后，加流动相至刻度，即得对乙酰氨基酚对照品贮备液。

供试品溶液的制备：取样品精密称定 126 mg，置 100 mL 量瓶中，用 0.1% 乙酸的甲醇溶液 30 mL 溶解后，加流动相稀释至刻度，摇匀，滤过，精密量取滤液 5 mL 置 50 mL 量瓶中，加流动相至刻度，摇匀，即得。

标准曲线的绘制：精密量取对乙酰氨基酚的对照品贮备液 1.0 mL、2.0 mL、5.0 mL、10.0 mL、25.0 mL，置 100 mL 量瓶中，用流动相稀释至刻度。进样 10 μL 测定，以浓度为横坐标、相应的峰面积为纵坐标，求出对乙酰氨基酚线性方程及其线性范围。

稳定性试验：精密量取供试品溶液，于 0 h、1 h、2 h、3 h、6 h 进样测定，计算日内误差。计算供试品溶液中对乙酰氨基酚日内峰面积的 RSD 值。

重复性试验：取同一批样品的细粉适量，依法测定 6 次，考察方法精密度，计算 RSD 值。

精密度试验：精密量取对乙酰氨基酚对照品贮备液 5 mL，置 100 mL 量瓶中，用流动相稀释至刻度，摇匀，连续进样 5 次，每次进样 10 μL。记录对乙酰氨基酚的峰面积，计算 RSD 值，计算进样与仪器检测精密度。

回收率试验：在一定量的已知含量的样品中，精密加入对照品适量，混匀，制成低、中、高三个浓度的供试溶液，进样测定，计算回收率。

含量测定：取供试品溶液连续进样 4 次，记录色谱图，按外标法计算组分的含量。

【注意事项】

（1）在酸度检查试验中，每次更换标准缓冲溶液或供试品溶液前，均应用纯化水充分洗涤电极，然后将水吸尽。

（2）紫外分光光度法检测药物含量，实验条件中已给出检测波长，但根据不同条件或仪器，检测波长会有偏移，建议在试验之前对对乙酰氨基酚进行紫外全波长扫描，以确定最精确的检测波长。

【思考题】

（1）对乙酰氨基酚与三氯化铁显色的原理是什么？

（2）高效液相色谱试验中，为什么需要先对稳定性、重复性、精密度、回收率进行测定？

（3）一般杂质检查的主要项目有哪些？

实验三　对乙酰氨基酚缓释制剂的制备及质量评价

【实验目的】

（1）掌握片剂制备方法。

（2）熟悉对乙酰氨基酚缓释制剂处方，了解缓释制剂的基本原理与设计方法。

（3）掌握缓释制剂释放度测定的方法及要求。

【实验原理】

缓释制剂是指能够延长药物在体内的吸收、分布、代谢或排泄过程而达到延长药物作用目的的一种制剂。缓释制剂种类诸多，按给药途径分为口服、肌注、透皮及腔道用药等。其中，口服缓释制剂在国内外研究最多。口服缓释制剂根据释药过程的动力学行为不同，分为缓释制剂（符合一级动力学方程）和控释制剂（符合零级动力学方程）。缓、控释制剂根据释放模式不同，分为膜缓释、骨架缓释、溶蚀型骨架型、水凝胶骨架型、胃内漂浮滞留型、缓释微丸、渗透泵型等（图 1-5）。

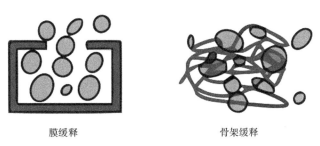

膜缓释　　　　　　　　　　　　骨架缓释

图 1-5　常见缓、控释制剂示意图

缓、控释制剂具有改善药物的有效性和安全性，减小普通剂型给药后血药浓度的峰高比，从而降低副作用的发生率和强度、减少给药频率等优点。

感冒是日常生活中最常见的高发病，感冒药的使用也是最频繁的。而对乙酰氨基酚系苯胺类非甾体解热镇痛药，临床上应用安全有效，是治疗发热、镇痛的首选药物之一，被世界卫生组织推荐为儿童急性呼吸道感染所致发热的首选退热剂，且口服后吸收迅速。由于对乙酰氨基酚的生物半衰期短，患者需要频繁服用，甚为不便，而且大剂量长期使用易造成胃肠刺激，乃至血液、肝、肾等损伤。因此，其缓释制剂具有药效持久、能有效控制血药浓度波动、服药次数少等优点。

缓释制剂的释放度测定：所用仪器和方法同一般制剂的溶出度测定。普通制剂的溶出度测定通常采用一个时间点取样，而释放度测定则采用三个以上时间点取样。本实验用市售对乙酰氨基酚片进行溶出度测定，而用自制缓释制剂进行释放度测定。将两者的结果比较，进行缓释作用评价。

【重点提示】

（1）零级反应（亦称零次幂反应）是指反应速率与反应物浓度的零次方成正比的化学反应，即与反应物浓度无关。

（2）一级反应是指反应速率只与反应物浓度的一次方成正比的反应。一级反应的特点是 lnc-t 图（lnc 为浓度的自然对数，t 为时间）为一直线，半衰期与初始浓度无关而与速率常数成反比。

（3）药物的生物半衰期是指药物效应下降一半的时间。通常所说半衰期指的是血浆半衰期，以符号 $T_{1/2}$ 表示。

【实验仪器及材料】

1. 实验仪器

分析天平、恒温干燥箱、紫外－可见分光光度计、溶出仪、研钵、容量瓶、微孔滤膜等。

2. 实验材料

对乙酰氨基酚、羟丙基甲基纤维素、乳糖、乙醇、硬脂酸镁、三氯化铁、稀盐酸、亚硝酸钠试液、碱性 β-萘酚试液、氢氧化钠等。

【实验步骤】

笔　记

1. 处方

对乙酰氨基酚缓释片的组成如表 1-1 所示。

表 1-1　对乙酰氨基酚缓释片的组成

处方组成	1 片量 /mg	50 片量 /g
对乙酰氨基酚	400	4
羟丙基甲基纤维素	40	2
乳糖（稀释剂）	50	2.5
80% 乙醇溶液（润湿剂）	适量	适量
硬脂酸镁（润滑剂）	2.3	0.12

2. 制备工艺

（1）将对乙酰氨基酚、乳糖粉碎过 100 目筛。

（2）羟丙基甲基纤维素过 80 目筛。

（3）80% 乙醇溶液的配制：取无水乙醇溶液加蒸馏水稀释，即得。

（4）缓释片的制备：按处方称取对乙酰氨基酚、羟丙基甲基纤维素及乳糖于研钵中，将其混匀，加 80% 乙醇溶液制软材，过 18 目筛挤压制粒，湿颗粒在 50～60℃干燥，干颗粒经 16 目筛整粒，称重，加硬脂酸镁，混匀，压片，即得。每片含对乙酰氨基酚 400 mg。

3. 对乙酰氨基酚缓释片质量研究

1）鉴别　　取本品细粉适量（约相当于对乙酰氨基酚 0.5 g），用乙醇 20 mL 分次研磨使溶解，过滤后合并滤液，水浴上蒸干，取本品的残渣进行如下试验。

（1）取适量的残渣，加水溶解，加入三氯化铁试液，观察颜色变化。

（2）取约 0.1 g 的残渣，加 5 mL 稀盐酸，水浴中加热

40 min 后放冷，取 0.5 mL，滴加 5 滴亚硝酸钠试液，摇匀，加水 3 mL 稀释后，加碱性 β-萘酚试液 2 mL，振摇，观察现象。

2）外观检查 取样品 100 片，平铺于白底板上，置于 75 W 光源下 60 cm 处，距离片剂 30 cm，以肉眼观察 30 s。

检查结果应符合下列规定：完整光洁，色泽一致；80～120 目色点应＜5%，麻面＜5%，中药粉末片除个别外应＜10%，并不得有严重花斑及特殊异物；包衣中的畸形片不得超过 0.3%。

3）重量差异限度检查 按照 2015 年版《中国药典》四部 0100 制剂通则中"0101 片剂"项下"重量差异"检查法检查。取药片 20 片，精密称重总重量，求得平均片重后，再分别精密称定各片的重量，结果记录见表 1-2。每片重应与平均片重相比较，超出重量差异限度的药片不得多于 2 片，并不得有 1 片超出重量差异限度的 1 倍。

表 1-2 检查结果

片重 /g					
总重 /g	平均片重 /g	重量差异限度	超重片数	超限 1 倍的片数	结论

（1）片剂重量差异限度（《中国药典》2015 版）如下表。

平均片重	重量差异限度 /%	平均片重	重量差异限度 /%
0.30 g 以下	±7.5	0.30 g 或 0.30 g 以上	±5

（2）只需要保留小数点以后两位。

4）崩解时限检查

（1）安装并检查装置与 2015 版《中国药典》规定的是否一致。

（2）取药片 6 片，分别置六管吊篮的玻璃管中，每管各加 1 片，准备工作完毕后，进行崩解测定（图 1-6），各片均应在 15 min 内全部崩解，如有 1 片未崩解，应另取 6 片复试，均应符合规定。

5）硬度检查 一般用片剂硬度测试仪（图 1-7）。

图 1-6　崩解仪

图 1-7　片剂硬度测试仪

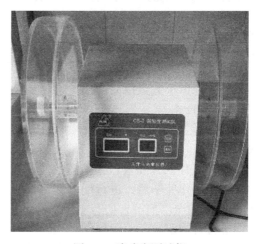

图 1-8　脆碎度测试仪

一般片剂硬度要求 8～10 kg/cm²，中药片要求在 4 kg/cm²以上。测定硬度也可用孟山都硬度计。

6）脆碎度检查　　取 20 片药片，用吹风机吹去片剂脱落的粉末，精密称重，置圆筒中，转动 100 次。取出，同法除去粉末，精密称重，经脆碎度测试仪（图 1-8）测定的减失重量不得超过 1%，且不得检出断裂、龟裂及粉碎的片。

7）含量测定

（1）标准曲线的制备：取对乙酰氨基酚对照品适量（约 40 mg），精密称定，置于 250 mL 量瓶中，用 0.4% 氢氧化钠溶液溶解，并将其稀释到刻度，摇匀，得贮备液。分别精密量取 1 mL、2 mL、3 mL、4 mL、5 mL、6 mL、7 mL、8 mL 于 100 mL 量瓶中，用 0.4% 氢氧化钠溶液稀释到刻度，摇匀，以紫外 - 可见分光光度法，于波长 257 nm 处测量吸光度 A，以吸光度为纵坐标、以对乙酰氨基酚浓度为横坐标，绘制标准曲线。

（2）测定方法：取本品 10 片，精密称定，用研钵研细。精密称取药物粉末适量（约相当于对乙酰氨基酚 40 mg），置于 250 mL 量瓶中，加入 50 mL 的 0.4% 氢氧化钠溶液，并加水适量，超声 5 min 溶解，放冷，用水稀释到刻度，摇匀，用 0.45 μm 微孔滤膜滤过，精密量取 5.0 mL 的滤液，置于 100 mL 量瓶中，加 10 mL 0.4% 氢氧化钠溶液，并用水稀释到刻度，振摇均匀，作为供试品溶液；精密称量适量的对乙酰氨基酚对照品，用 0.4% 氢氧化钠溶液溶解，并定量稀释为每毫升中约含 8 μg 对乙酰氨基酚的溶液，作为对照溶液。紫外 - 可见分光光度法于波长 257 nm 处测量吸光度，按外标法以吸光度计算含量，即得。

8）对乙酰氨基酚缓释制剂释放度的测定　　从自制样品中取 6 片，采用浆法以 900 mL pH5.8 磷酸盐缓冲液（取磷酸二氢钾 8.34 g 与磷酸氢二钾 0.87 g，加水使溶解成 1000 mL，即得）为释放介质，转速为 50 r/min，在 15 min、30 min、60 min、90 min、120 min、180 min、210 min 时分别取 5 mL 溶液，用 0.45 μm 微孔滤膜过滤，同时补充相同温度释放介质 5 mL，精密量取滤液适量，加上述释放介质稀释为每毫升中约含 7.5 μg 的溶液，作为供试品溶液；另精密量取对乙酰氨基酚对照品适量，加上述缓冲液适量溶解，并稀释为每毫升中约含 6 μg 的溶液，作为对照品溶液。以紫外 - 可见分光光度法于波长 257 nm 处测量吸光度并记录，按外标法以吸光度计算各个时间点的释放量。

9）市售普通片溶出度的测定　　测定条件同缓释制剂，分别于 10 min、20 min、30 min、40 min 取样，按上法测定。

4. 释放度计算

1）计算各取样时间药物的溶出度（%），结果填入表1-3。

表 1-3　缓释制剂的溶出度

样品	缓释片				
取样时间 /h	1	2	3	4	5
稀释倍数					
测定值（A）					
溶出度 /%					

$$溶出度（\%）=\frac{C \times D}{标示量} \times 100\%$$

式中，C 为溶出介质中药物浓度（mg/mL）；D 为溶出介质体积（mL）。

2）绘制百分累积释放量 - 时间曲线图　　纵坐标为累积释放量，横坐标为时间。

【注意事项】

（1）湿颗粒于压片前在 50～60℃干燥备用，如发现结块，则应重新干燥。

（2）压片使用模具后应立即把各部分擦洗干净，必要时用水清洗，擦干，置于干燥器中保存。

（3）用孔径不大于 0.8 μm 的微孔滤膜滤过，自取样至滤过应在 30 s 内完成。

【思考题】

（1）缓释制剂的特点及优点是什么？

（2）请按控制药物释放作用机制，阐述缓释制剂的分类。

（3）片剂的质量标准包含哪些项目？

（4）简述每种成分在处方中所起到的作用。

实验四 对乙酰氨基酚注射剂的制备及质量评价

【实验目的】

（1）掌握注射剂的生产工艺过程和操作要点。

（2）掌握注射剂成品质量检查的标准和方法。

【实验原理】

注射剂又称针剂，是指药物制成的供注入体内的无菌制剂。注射剂按分散系统可分为四类，即溶液型注射剂、混悬型注射剂、乳剂型注射剂、注射用无菌粉末。根据医疗上的需要，注射剂的给药途径可分为静脉注射、脊椎腔注射、肌肉注射、皮下注射和皮内注射等。由于注射剂直接注入人体内部，吸收快，作用迅速，为保证用药的安全性和有效性，必须对成品生产和成品质量严格控制。

以溶液型注射剂为例，其生产工艺过程如下：

主药
附加剂 ⎫ →溶解→过滤→灌装→熔封→灭菌→质量检查→包装→成品
溶剂 ⎭
　　　　　　　　　安瓿瓶←检查←切割←圆口←洗涤←干燥

注射剂的质量要求：一个合格的注射剂必须无菌，无热原，澄明度合格，使用安全，无毒性和刺激性，在贮存期内稳定有效，pH、渗透压和药物含量应符合要求。注射剂的 pH 应接近体液，一般控制在 4～9 范围内。凡大量静脉注射或滴注的输液，应调节渗透压与血浆渗透压相等或接近。凡在水溶液中不稳定的药物，常制成注射用灭菌粉末即粉针，以保证注射剂在贮存期内稳定、安全、有效。

为了达到上述质量要求，在注射剂制备过程中，除了生产操作区洁净度符合要求、操作者严格遵守清洁规程外，主药、附加剂及溶剂等均需符合药用或注射用质量标准，其制备方法必须严格遵守拟定的产品生产工艺规程。

【重点提示】

（1）热原是指能引起恒温动物体温异常升高的致热物质，包括细菌性热原、内源性高分子热原、内源性低分子热原及化学热原等。

（2）无菌药品生产所需的洁净区可分为 4 个级别。A 级：高风险操作区，如灌装区，放置胶塞桶、敞口安瓿瓶、敞口西林瓶的区域，无菌装配或连接操作的区域。B级：无菌配制和灌装等高风险操作A级区所处的背景区域。C级和D级：生产无菌药品过程中重要程度较次的洁净操作区。

【实验仪器及材料】

1. 实验仪器

分析天平、烘箱、微孔滤膜、注射器、pH计、蒸汽灭菌锅、紫外－可见分光光度计等。

2. 实验材料

对乙酰氨基酚、聚乙二醇400、无水亚硫酸钠、药用活性炭、注射用水、硫酸、氢氧化钠等。

【实验步骤】

笔　记

1. 处方

对乙酰氨基酚	6.25 g（按100%投料）
聚乙二醇400	17.5 mL
无水亚硫酸钠	0.1 g
药用活性炭	0.025 g
注射用水适量	

制成50 mL

2. 操作

1）空安瓿瓶的处理

（1）洗涤：手工洗涤安瓿瓶应先用水冲刷外壁，然后将安瓿瓶中灌入纯水甩洗两次，再用过滤蒸馏水甩洗两次。

（2）干燥：安瓿瓶洗涤后，放入120～140℃烘箱中烘干备用。

2）注射液的配制

（1）容器处理：配制用的一切容器均需清洗干净，避免引入杂质及热原。

（2）配液：取注射用水100 mL，煮沸放置至室温，备用。按处方取配制量80%的新煮沸注射用水，加入处方量的聚乙二醇400（PEG400），搅拌，并加热至60℃；向溶液中加入处方量的对乙酰氨基酚，搅拌使溶解；加入处方量的无水硫酸钠，搅拌使溶解；测定溶液pH，pH应在6.0～7.0，若不在此范围内，用10% H_2SO_4 溶液调节；加入新煮沸注射用水至全量；加入处方量活性炭，搅拌 3 min 后，以 0.22 μm 微孔滤膜抽滤 3 次。微孔滤膜过滤器如图 1-9 所示。

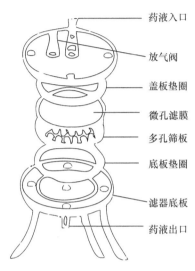

图 1-9 微孔滤膜过滤器

3）灌封

（1）装量调节：本实验采用注射器灌装。在灌装前应首先确定注射器装量，按 2015 版《中国药典》规定适当增加装量，以保证注射液用量不少于标示量，如表 1-4 所示。

表 1-4 注射器装量调节

标示装量 /mL	增加量 /mL		标示装量 /mL	增加量 /mL	
	易流动液	黏稠液		易流动液	黏稠液
0.5	0.10	0.12	10.0	0.50	0.70
1.0	0.10	0.15	20.0	0.60	0.90
2.0	0.15	0.25	50.0	1.00	1.50
5.0	0.30	0.50			

（2）熔封灯火焰调节：熔封时要求火焰细而有力，燃烧完全，单焰灯在黄、蓝两层火焰交界处温度最高，双焰灯的两火焰应有一定角度，火焰交叉处温度最高。

（3）灌封：将过滤合格的药液，立即灌装于 2 mL 安瓿瓶中，通入 CO_2 气体于安瓿瓶中，随灌随封。灌液时应使药液不沾安瓿瓶颈壁，以免熔封时焦头。熔封时可将颈部放于火焰温度最高处，掌握好安瓿瓶在火焰中停留的时间，及时熔封。熔封后的安瓿瓶顶部应圆滑，无尖头或鼓泡等现象。所用灌注器为竖式灌注器（图 1-10）。

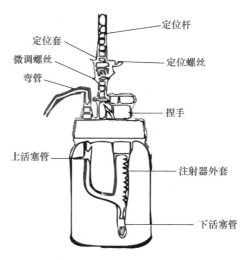

图 1-10　竖式灌注器

4）灭菌和检漏　　灌封好的安瓿瓶应及时灭菌，本品采用 121℃流通蒸汽灭菌 15 min。灭菌完毕后，将安瓿瓶放入 1% 亚甲基蓝或曙红溶液中，挑出药液被染色的安瓿瓶。

综上所述，注射剂生产流程如图 1-11 所示。

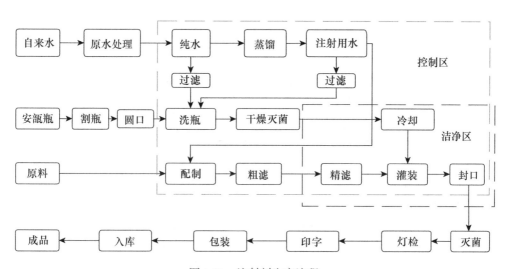

图 1-11　注射剂生产流程

浅虚线内为控制区，深虚线内为洁净区

3. 对乙酰氨基酚注射液质量控制

（1）澄明度：采用伞棚式装置（两面用），日光灯，无色溶液注射剂采用照度 1000～2000 lx 的装置，有色溶液注射剂采用照度 2000～3000 lx 的装置，用目检视，检品至人眼距离为 20～25 cm。取检品数只，擦净安瓿瓶外壁污痕（即保持外壁清洁），集中放置于伞棚边缘处，手持安瓿瓶颈部使药液轻轻翻转，用目检视药液中有无肉眼可见的玻屑、白点、纤维等异物，结果列于表 1-5 中。

表 1-5　澄明度检查结果

检查总数	废品数 / 支						合格数 / 支	合格率 /%
	玻屑	纤维	白点	焦头	其他	总数		

（2）pH 应为 4.5～6.5。

（3）含量测定：应为标示量的 95%～105%。取本品适量，加 0.01 mol/L 氢氧化钠溶液制成每毫升中约含 6 μg 的溶液，按照紫外-可见分光光度法，在 257 nm 的波长处测定吸光度，按 $C_8H_9NO_2$ 的吸收系数为 715 计算，即得。

（4）装量：按《中国药典》2015 版二部附录检查方法进行，注射液的标示装量为 2 mL 或 2 mL 以下者取供试品 5 支检查，每支装量均不得少于其标示装量。

（5）热原检查：参见《中国药典》2015 版四部 1142 热原检查法，剂量按家兔每千克体重注射 2 mL。

（6）无菌检查：按《中国药典》2015 版四部 1101 无菌检查法检查，应符合规定。

【注意事项】

（1）如果安瓿瓶清洁程度差，须用 0.5% 乙酸或盐酸溶液灌满，以 100℃、30 min 热处理后，用蒸馏水和过滤蒸馏水甩洗。

（2）掌握好灭菌温度和时间，灭菌完毕立即检漏冷却，避免安瓿瓶因受热时间延长而影响药液的稳定性。

【思考题】

（1）注射剂质量控制各项目的依据是什么？

（2）热原检查的常用方法有哪些？

实验五　对乙酰氨基酚注射剂的
镇痛作用研究

【实验目的】

（1）学习化学刺激镇痛实验方法。

（2）学习热板镇痛实验方法。

（3）通过不同镇痛实验方法，观察对乙酰氨基酚注射剂的镇痛作用。

【实验原理】

化学刺激法：腹腔注射一些化学物质（如乙酸等）刺激腹膜，引起深部的、大面积且较持久的疼痛刺激，致使小鼠产生扭体反应，表现为腹部内凹、躯干与后肢伸展、臀部高起。

热板法：将小鼠置于恒温的热板上，以热刺激小鼠足部产生疼痛反应（舔后足），通过测定小鼠痛阈（出现疼痛反应即舔后足时间），比较实验组与对照组小鼠痛阈的差异，判定药物有无镇痛作用。

【重点提示】

（1）对乙酰氨基酚是非那西丁在体内的代谢产物，具有解热镇痛作用，其原理与阿司匹林相似，即通过抑制中枢神经系统前列腺素的合成发挥作用。

（2）痛阈值是疼痛刺激引起应激组织反应的最低值，即虽然对小刺激不反应，但当超过某限度时就会激烈反应的这种临界值。为减轻疼痛而在临床上应用的镇痛（催眠）药和麻醉药等，一般都是通过提高此值来达到镇痛目的。

（3）热刺激是利用一定强度的温度刺激动物躯体的某一部位以产生疼痛反应。根据电生理研究结果，热刺激强度应使皮肤温度升高至 $45\sim55℃$，低于此范围不会产生明显痛反应。

【实验仪器及材料】

小鼠8只，雌雄各半，体重 $20\sim25$ g；1 mL注射器、鼠笼、天平、水浴锅、烧杯、秒表、灌胃针；0.8% 乙酸溶液、对乙酰氨基酚溶液（0.15 g/2 mL）；生理盐水。

【实验步骤】

1. 化学刺激法（表 1-6）

表 1-6　对乙酰氨基酚注射液对小鼠化学刺激法引起疼痛的作用

小鼠号	药物	给药剂量 /（mg/kg）	扭体次数
1			
2			
3			
4			

（1）室温下，取小鼠 4 只，称重并编号。实验组：鼠 1、2 号皮下注射对乙酰氨基酚溶液 0.15 mL/10 g 体重；对照组：鼠 3、4 号皮下注射生理盐水 0.15 mL/10 g 体重。

（2）30 min 后，各鼠分别腹腔注射 0.8% 乙酸，0.2 mL/ 只，观察 15 min 内每只小鼠发生扭体反应的次数。

（3）观察各鼠给药前后的表现，并仔细记录观察结果，计算镇痛反应百分率（%）。

镇痛反应百分率（%）=（对照组扭体反应均值 − 实验组扭体反应均值）/ 对照组扭体反应均值 ×100%

2. 热板法（表 1-7）

表 1-7　对乙酰氨基酚注射液对小鼠热板法引起疼痛的作用

组别	小鼠编号	体重 /g	给药前痛阈值 /s		给药前平均痛阈值 /s	给药后痛阈值 /s			
			痛阈值 1	痛阈值 2		15 min	30 min	45 min	60 min
对乙酰氨基酚注射液	1								
	2								
生理盐水	3								
	4								

（1）将温控热板仪调节在（55±0.5）℃，以小鼠放入后至舔后足之间的时间为痛觉反应时间。

（2）取雌性小鼠 4 只，标记，称重。在给药前，先测试两鼠的痛觉反应时间。取痛觉反应时间为 10～30 s 的小鼠进行后续步骤。

（3）鼠 1、2 号腹腔注射对乙酰氨基酚溶液 0.15 mL/10 g 体

笔　记

重，鼠3、4号腹腔注射生理盐水0.15 mL/10 g体重。在给药后15 s、30 s、45 s、60 s各测痛觉反应1次。在测试中，如60 s内无痛觉反应，应立即取出，并以60 s计。

（4）观察各鼠给药前后的表现，并仔细记录观察结果，计算镇痛反应百分率（%）。

镇痛反应百分率（%）＝（给药后痛觉反应平均时间－给药前痛觉反应平均时间）/ 给药前痛觉反应平均时间 ×100%

（5）汇集全班结果，分别计算两种方法下的镇痛反应百分率，比较两种不同方法对药物镇痛作用的评价。

【注意事项】

（1）室温可影响本实验，以15～20℃为好，室温过低小鼠反应不敏感，过高则小鼠过于敏感而引起跳跃；或小鼠无扭体刺激反应，影响实验结果。

（2）乙酸应在临用时配制，如放置过久，作用明显减弱。

（3）正常小鼠放入热板后易出现舔前足、踢后肢等现象，不能作为观察指标，仅舔后足才作为疼痛指标。

（4）热板法中小鼠宜用雌性，因雄性小鼠受热后阴囊松弛触及热板，易致反应过于敏感。

【思考题】

（1）根据实验结果讨论此镇痛药的镇痛作用。

（2）简述热板法和化学刺激法的区别；除上述两种方法外，还有什么方法可以研究本药的镇痛作用？

本章参考文献

李柱来，孟繁浩. 2016. 药物化学实验指导. 北京：中国医药科技出版社：20-21.

唐大轩，杨文宝，梁娅君，等. 2010. 天麻提取物对神经系统作用的药理研究. 四川中医，28（05）：64-66.

王朝晖. 2011. 花椒挥发油镇痛作用的实验研究. 中国药房，22（03）：218-219.

徐叔云，卞如濂，陈修. 2002. 药理实验方法学（第3版）. 北京：人民卫生出版社：934.

严新焕，徐世威. 1998. 对乙酰氨基酚的制备. 中国医药工业杂志，29（6）：277-278.

叶晓霞. 2015. 药物化学模块实验教程. 北京：高等教育出版社：126-127.

尤启东，邓卫平，叶德泳，等. 2016. 药物化学（第3版）. 北京：化学工业出版社：478-482.

赵海，王纪康. 2004. 对乙酰氨基苯酚的合成进展. 化工技术与开发，33（1）：17-21.

中国药典委员会. 中华人民共和国药典2015年版二部. 北京：中国医药科技出版社.

第二章 降糖药那格列奈

糖尿病是由于不同病因引起胰岛素分泌不足或作用低下，导致碳水化合物、脂肪及蛋白质代谢异常，以慢性高血糖为主要表现，并伴有血脂、心血管、神经、皮肤及眼睛等多系统的慢性病变的一组综合征。糖尿病可分为 1 型糖尿病和 2 型糖尿病。1 型糖尿病与胰岛素分泌缺陷有关，主要采取胰岛素补充疗法。90% 以上糖尿病患者属 2 型糖尿病，主要伴有不同程度的胰岛素分泌不足，与胰岛素抵抗相关，但这种不足只是相对的，因此口服降糖药是主要的治疗手段。日常临床常用的口服降糖药按照作用机制可分为：促胰岛素分泌剂（如磺酰脲类）、增加外周葡萄糖利用的药物（如双胍类）、胰岛素分泌模式调节剂（如苯丙氨酸类）、胰岛素增敏剂（如噻唑烷二酮类）、减少肠道吸收葡萄糖的药物（如 α-葡萄糖苷酶抑制剂类），以及改善糖尿病并发症的药物。

本章所选取的降糖药物那格列奈（Nateglinide），属于胰岛素分泌模式调节剂，通过与分布于胰岛 β-细胞膜上的特异受体（SUR-1）结合，促使膜上 ATP 敏感性钾离子通道关闭，抑制 β-细胞钾离子外流，使 β-细胞膜去极化，从而开放电压依赖性钙通道，使细胞外钙离子进入细胞内，促使含有胰岛素的囊泡与细胞膜溶液通过胞吐作用将胰岛素释放至膜外。那格列奈相对于传统的促胰岛素分泌剂有着显著的优势：对心血管影响较小，安全性较高；相对于其他类型的口服降糖药，那格列奈起效迅速，作用时间短，使餐时胰岛素分泌迅速升高、餐后及时回落到基础分泌水平，从而减少夜间低血糖的发生；对血糖水平更敏感，增强其在高血糖条件下的活性；对代谢抑制更具耐受力，在代谢受损时作用更强；反复应用无去敏作用。不良反应有：视觉异常，轻度低血糖，胃肠道症状如腹痛、腹泻、恶心、呕吐和便秘等，偶见肝功能异常及皮肤过敏反应。

那格列奈于 1999 年在日本首次上市，2000 年 12 月正式被 FDA 批准单独或与二甲双胍合用治疗 2 型糖尿病，2003 年 11 月在中国批准上市。目前，市售的那格列奈主要有片剂和胶囊等剂型。对于那格列奈的新剂型开发，如缓控释剂型、纳米粒给药系统、pH 敏感型水凝胶等新剂型，近年也多有研究，尚处于起步阶段。

实验一　那格列奈原料药的合成

【实验目的】

（1）通过本实验，掌握那格列奈的性状、特点和化学性质。

（2）了解酰胺制备的常用方法，掌握 DCC 作为缩合剂的基本原理。

（3）掌握通过酸洗、碱洗的分离技术。

（4）了解水解反应的常用方法。

（5）了解常用玻璃仪器的使用原理（如恒压低液漏斗）。

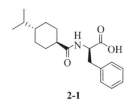

2-1

图 2-1　那格列奈结构式

【实验原理】

那格列奈，化学名为 N-（反式-4-异丙基环己基-1-甲酰基）-D-苯丙氨酸（图 2-1），合成路线如图 2-2 所示。

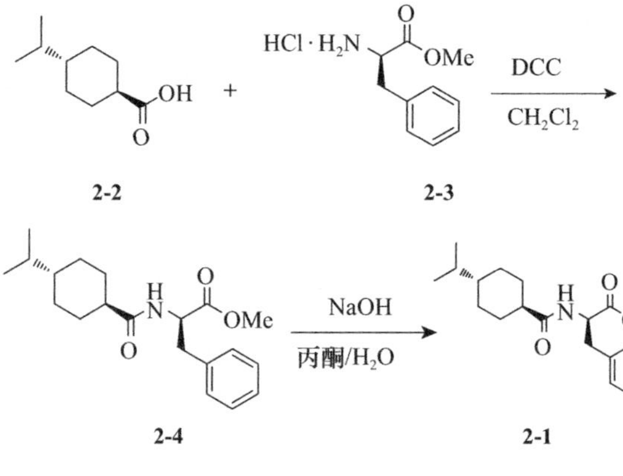

2-2　　　　　　　　　　2-3

2-4　　　　　　　　　　2-1

图 2-2　那格列奈合成路线

【重点提示】

（1）第一步缩合反应，机制如图 2-3 所示。

（2）本实验选用二环己基碳二亚胺（dicyclohexylcarbodiimide，DCC）作为该反应的缩合剂，它是一种有气味的白色晶体，熔点较低，可溶于二氯甲烷、四氢呋喃、乙腈和二甲基甲酰胺，但不溶于水。此外，DCC 在多肽合成时也有重要作用。

【实验材料】

D-苯丙氨酸甲酯盐酸盐（12.9 g），反式-4-异丙基环己基甲酸（10.3 g），二

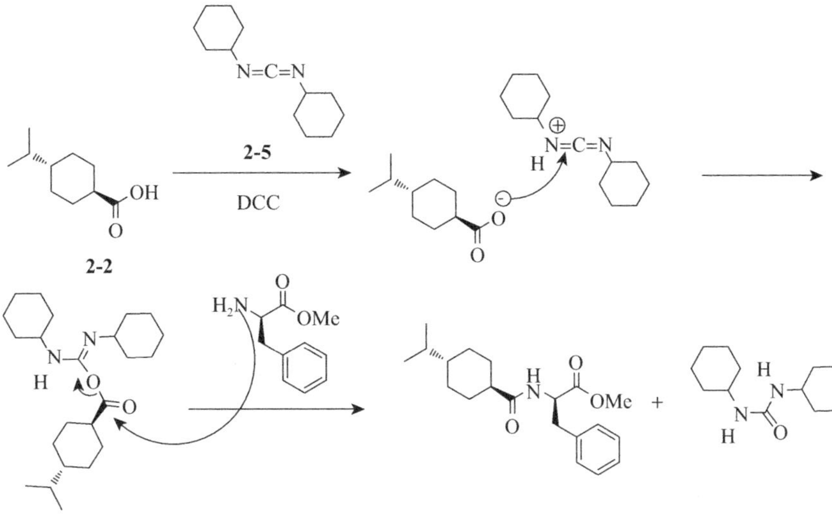

图 2-3　缩合反应机理

氯甲烷（150 mL），二环己基碳二亚胺（DCC，15 g），10% 氢氧化钠水溶液（900 mL），无水 $MgSO_4$，50% 丙酮水溶液（300 mL），4% NaOH 溶液（50 mL），7.3% 盐酸水溶液。

【实验步骤】

在磁力搅拌器上，安装配有温度计、恒压低液漏斗、磁性搅拌子的三颈瓶（250 mL），即缩合反应装置（图 2-4），投入 D-苯丙氨酸甲酯盐酸盐（化合物 **2-3**，12.9 g）和二氯甲烷（60 mL），搅拌溶解，冰浴冷却至 0℃，随后一次性加入反式-4-异丙基环己基甲酸（化合物 **2-2**，10.3 g），冰浴继续搅拌 15 min。将 DCC（15 g）溶于二氯甲烷（30 mL），由恒压滴液漏斗逐滴加入，维持反应温度在 5℃ 以下，加料完毕后，继续在 5℃ 以下反应 20 min。移走冰浴，室温继续反应 4 h 后，抽滤，滤饼用二氯甲烷洗涤（30 mL×2），合并滤液及洗液，所得溶液用 10% NaOH 溶液洗涤（300 mL×3），有机相再用水洗至水相呈中性。有机相用无水 $MgSO_4$ 干燥，旋转蒸发仪浓缩得到固体化合物 **2-4**。

将图 2-3 中的化合物 **2-4** 溶于 50% 丙酮水溶液（300 mL）中，冰浴冷却，由恒压低液漏斗滴加 4%NaOH 溶液（55 mL），维持反应温度在 10℃ 以下，滴加完毕后

笔 记

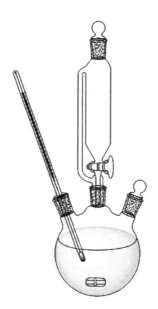

图 2-4　缩合反应装置

移走冰浴，室温反应 16 h。抽滤，除去不溶物，滤液在搅拌状态下滴加 7.3% 的盐酸调 pH 至 2，冰浴冷却 1 h，抽滤，滤饼水洗至中性，粗品用甲醇水溶液重结晶得精品，将精品转移至培养皿中，干燥后计算产量和产率。熔点为 137～141℃。

【注意事项】

（1）如果冰浴的冷却效果不佳，可加入适量氯化钠制备冰盐浴，盐溶液凝固点较低，可以维持 0℃以下的较低温度。

（2）通过控制恒压滴液漏斗的滴加速度来控制反应体系温度，滴加过程中监测反应液温度不超过 5℃。

（3）化合物 **2-4** 为蜡状固体，不易从蒸馏烧瓶取出，浓缩后可直接用溶剂溶解投料。

【思考题】

（1）请简述 DCC 作为缩合剂的反应原理。

（2）用 10% NaOH 溶液洗涤滤液的目的是什么？

（3）请简述第二步水解反应的机制。

实验二 那格列奈原料药质量研究

【实验目的】

（1）掌握那格列奈原料药的鉴别方法。

（2）掌握那格列奈原料药的检测方法。

（3）掌握那格列奈原料药的含量测定方法。

【实验原理】

本品为（-）-N-[（反-4-异丙基环己基）羰基]-D-苯丙氨酸，分子式为 $C_{19}H_{27}NO_3$，相对分子质量为 317.43；白色或类白色结晶性粉末，味苦；在甲醇、乙醇、丙酮中易溶，在乙腈中略溶，在水中几乎不溶，在 0.1 mol/L 氢氧化钠溶液中溶解，在稀盐酸中几乎不溶；熔点为 137~141℃，熔距不大于 2℃。比旋度为 -36°~-40°。

【重点提示】

（1）高效液相色谱法应用了颗粒极细（一般为 10 μm 以下）、规则均匀的固定相，传质阻抗小，分离效率高；采用高压输液泵输送流动相，分析时间短；广泛使用高灵敏检测器，提高了检测灵敏度。

（2）气相色谱（GC）是一种成熟的分析技术，其中，气相色谱-质谱联用（GC-MS）技术及气相色谱-红外光谱联用（GC-IR）技术既具有良好的分离能力，又具有准确鉴定化合物结构的特点，在食品分析、环境分析、药物分析等领域有十分重要的应用。

【实验仪器及材料】

1. 实验仪器

分析天平、紫外-可见分光光度计、红外光谱仪、高效液相色谱仪、气相色谱仪、恒温干燥箱、纳氏比色管等。

2. 实验材料

那格列奈、乙醇、氯化钠、丙酮、稀硝酸、硝酸银试液、N,N-二甲基甲酰胺、甲醇、二氯甲烷、三氯甲烷、吡啶、酚酞指示液等。

【实验步骤】

1. 鉴别

1）紫外-可见分光光度法　取那格列奈原料药适量，加乙醇制成每毫升中约含 1 mg 的溶液，依据紫外-

笔 记

可见分光光度法测定，在 252 nm、258 nm 与 264 nm 波长处有最大吸收。

2）红外分光光度法　那格列奈原料药的红外光吸收图谱应与对照品的图谱一致。

2. 检查

1）氯化物　称取氯化钠 0.165 g，置 1000 mL 量瓶中，加水稀释至刻度，摇匀，作为贮备液。临用前，精密量取贮备液 10 mL，置 100 mL 量瓶中，加水稀释至刻度，摇匀，即得标准氯化钠溶液（每毫升相当于 10 g 的氯离子）。取那格列奈原料药（0.50 g），置 50 mL 纳氏比色管中，加丙酮 30 mL 使溶解，加稀硝酸 10 mL，摇匀，即得供试品溶液。另取标准氯化钠溶液 5 mL，分别加入硝酸银试液 1.0 mL，用水稀释成约 50 mL，摇匀，在暗处放置 5 min，同置黑色背景上，从比色管上方向下观察、比较。

2）有关物质（高效液相色谱法）　取那格列奈原料药，精密称定，加流动相溶解并稀释制成每毫升中含 0.5 mg 的溶液，为供试品溶液；精密量取 1 mL，置 500 mL 量瓶中，用流动相稀释至刻度，摇匀，作为对照溶液。

用十八烷基硅烷键合硅胶为填充剂，以磷酸盐缓冲液（取磷酸二氢钾 4.08 g，加水 800 mL 使溶解，加三乙胺 10 mL，用磷酸调节 pH 至 4.0，加水至 1000 mL）-乙腈-甲醇（32：51：17）为流动相，检测波长为 210 nm，柱温 30℃，理论塔板数按那格列奈峰计算不低于 6000。

取对照溶液 10 μL，注入液相色谱仪，调节检测灵敏度，使主成分色谱峰的峰高约为满量程的10%。精密量取供试品溶液与对照溶液各 10 μL，分别注入液相色谱仪，记录色谱图至主成分峰保留时间的 2 倍。供试品溶液的色谱图中如有杂质峰，单个杂质峰面积不得大于对照溶液主峰面积（0.2%），各杂质峰面积的和不得大于对照溶液主峰面积的 5 倍（1.0%）。

3）残留溶剂（气相色谱法）　色谱条件与系统适用性试验以 5% 苯基甲基聚硅氧烷为固定液的毛细管柱为色谱柱，起始温度为 35℃，保持 5 min，再以每分钟 10℃升温至 200℃，维持 5 min；进样口温度为 280℃；检测器为 FID，检测器温度为 280℃；氮气流速每分钟 3 mL，分流比为 1∶10。取对照品溶液 1 μL，注入气相色谱仪，甲醇、丙酮、二氯甲烷、三氯甲烷、吡啶各组分峰与内标峰的分离度应符合要求。

内标溶液的制备：取无水乙醇适量，精密称定，用 N,N-二甲基甲酰胺稀释并制成每毫升含无水乙醇 0.1 mg 的溶液。测定法精密称取甲醇、丙酮、二氯甲烷、三氯甲烷、吡啶适量，用内标溶液制成每毫升含上述组分分别为 0.6 mg、1.0 mg、0.12 mg、0.012 mg、0.04 mg 的混合溶液，作为对照品溶液。

另精密称取那格列奈原料药适量，用内标溶液制成每毫升含那格列奈 0.2 g 的溶液，作为供试品溶液。精密量取供试品溶液与对照品溶液各 1 μL，分别注入气相色谱仪，记录色谱图，按内标法以峰面积计算。含甲醇不得超过 0.3%、丙酮不得超过 0.5%、二氯甲烷不得超过 0.06%、三氯甲烷不得超过 0.006%、吡啶不得超过 0.02%。

4）干燥失重　　取那格列奈原料药，在 105℃ 干燥至恒重，减失重量不得超过 0.5%。

3. 含量测定

1）容量法　　取本品约 0.5 g，精密称定，加中性乙醇 50 mL 溶解，加酚酞指示液 2 滴，用氢氧化钠滴定液（0.1 mol/L）滴定。每毫升的氢氧化钠滴定液（0.1 mol/L）相当于 31.74 mg 的 $C_{19}H_{27}NO_3$。

2）高效液相色谱法

（1）色谱条件。色谱柱为 Symmetry C18 柱（4.6 mm×250 mm，5 μm）；流动相为乙腈-磷酸盐（取磷酸二氢钾 4.08 g 溶解于 900 mL 水中，用磷酸调节 pH 2.8，再用水稀释至 1000 mL）（41∶59）；流速为 1.0 mL/min；检测波长为 214 nm；理论塔板数大于 3000；柱温为室温；进样量为 10 μL。

（2）那格列奈与杂质的分离：取那格列奈原料药适量，加 60% 乙腈溶解并稀释成一定浓度的溶液，在上述色谱条件下，吸取 10 μL，注入液相色谱仪中，考察其色谱图。

（3）降解产物的分离：取本品约 40 mg，分 4 份，其中 2 份分别加入 0.1 mol/L 氢氧化钠和 0.1 mol/L 盐酸，60℃放置 2 h，放冷，中和；另 2 份分别在 6300～6700 lx 强光照射 10 天和置 120℃烘箱放置 12 h，按上述色谱条件测定。

（4）最低检测限：取线性范围测定项下的对照品溶液，稀释至约含 15.6 μg/L，进样 10 μL，测定色谱系统的基线，以基线与噪声比值为 3 作为检测限。

（5）线性关系：精密称取那格列奈对照品 33.42 mg 于 25 mL 量瓶中，加乙腈溶液适量，振摇使溶解，加 60% 乙腈溶液至刻度，摇匀。精密量取上述溶液 1.0 mL、2.0 mL、3.0 mL、4.0 mL、5.0 mL、6.0 mL 分别置 25 mL 量瓶中，加 60% 乙腈溶液稀释至刻度，摇匀，精密量取各浓度溶液 10 μL，注入液相色谱仪，记录峰面积。

（6）精密度试验：精密量取"线性关系"项下的对照品溶液，连续进样 7 次，每次 10 μL，按峰面积计算 RSD 值。

（7）稳定性试验：取线性关系项下的那格列奈溶液，稀释成高、中、低（656 mg/L、166 mg/L、21 mg/L）3 个浓度，在 0 h、1 h、2 h、4 h、6 h、8 h 分别进样，以峰面积变化考察样品稳定性，计算 RSD。

（8）重复性试验：精密称取约相当于 15 mg 的那格列奈，用适量乙腈溶解，60% 乙腈稀释成 150 mg/L 溶液，测定其含量，求 RSD 值。

（9）回收率试验：精密称取 9 份那格列奈对照品配制成每毫升约含 0.15 mg 那格列奈的模拟样品 9 份，滤过，弃去初滤液，取续滤液作为供试品溶液；另精密称取那格列奈对照品 16.3 mg，用 60% 乙腈溶解并稀释成 163 mg/L 溶液，作为对照溶液。分别精密称取 10 μL 供试品溶液和对照溶液，注入液相色谱仪，记录色谱图，按外标一点法，以峰面积计算。

（10）含量测定及有关物质：取那格列奈原料药适量，精密称定，加 60% 乙腈溶液制成每毫升中含 1.0 mg 的溶液作为供试品溶液；取上述溶液适量，用 60% 乙腈将溶液稀释成 100 mg/L，取 10 μL 注入液相色谱仪。另取对照品适量，同法测定。按外标法计算那格列奈的含量。取上述供试品溶液 1 mL 至 100 mL 量瓶中，用 60% 乙腈溶液稀释至刻度，摇匀，作为对照溶液。精密量取对照溶液 10 μL 注入液相色谱仪，调节检测灵敏度，使对照液色谱峰高约为满量程的 20%。再精密量取供试品溶液 10 μL 注入液相色谱仪，记录色谱图至主峰保留时间的 2.5 倍，按面积归一化法计算有关物质的含量。

【注意事项】

（1）选择配对的两支纳氏比色管，用清洁液荡洗除去污物，再用水冲洗干净。采用旋摇的方法使管内液体混合均匀。

（2）为延长色谱柱的使用寿命，在分离度达到要求的情况下尽可能选择低的柱温。开机时，要先通载气，再升高气化室温度、检测室温度和分析柱温度，为使检测室温度始终高于分析柱温度，可先加热检测室，待检测室温度升至近设定温度时，再升高分析柱温度。关机前须先降温，待柱温降至 50℃ 以下时，才可停止通载气，关机。

【思考题】

（1）合适的内标应具备什么条件？内标加入量是否需准确知道？对内标纯度有何最低要求？

（2）气相色谱分析中有哪几种定量方法？试简单阐述各方法的优缺点。

实验三　那格列奈片剂制备及质量评价

【实验目的】

（1）掌握湿法制粒压片的过程和技术。

（2）学会单冲压片机的调试，能正确使用单冲压片机。

（3）学会分析片剂处方的组成和各种辅料在压片过程中的作用。

（4）掌握片剂溶出度的测定方法。

（5）掌握溶出度测定仪的正确使用方法。

【实验原理】

片剂是临床应用最广泛的剂型之一，它具有剂量准确、质量稳定、服用方便、成本低等优点。片剂制备的方法有制颗粒压片、结晶直接压片和粉末直接压片等。制颗粒的方法又分为干法和湿法，其中湿法制粒压片最为常见。传统湿法制粒压片含包衣的生产工艺流程如图 2-5 所示。

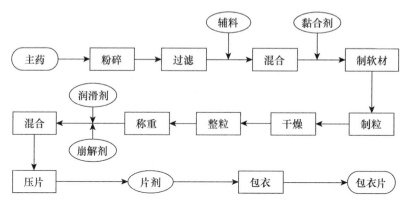

图 2-5 片剂生产工艺流程图

颗粒的制造是制片的关键。根据主药的性质选好黏合剂或润湿剂，控制黏合剂或润湿剂的用量，采用微机自动控制，或凭经验掌握控制软材的质量，过筛后颗粒应完整（如果颗粒中含细粉过多，说明黏合剂用量过少；若呈线条状，则说明黏合剂用量过多，都不能符合压片的颗粒要求）。

制备好的湿粒应尽快通风干燥，温度控制在 40～60℃。注意颗粒不要铺得太厚，以免干燥时间过长，药物易被破坏。干燥后的颗粒常黏连结团，需再进行过筛整粒。整粒筛目孔径与制粒时相同或略大。整粒后加入润滑剂混合均匀，计算片重后压片。

片重的计算主要以测定颗粒的药物含量计算。

$$片重 = \frac{每片应含主药量（标示量）}{干颗粒中主药百分含量测得值}$$

根据片重选择筛目与冲模直径，它们之间的常用关系可参考表 2-1，根据情况不同可进行适当调整。

表 2-1　根据片重可选的筛目与冲模的尺寸

片重 /mg	筛目数		冲模直径 /mm
	湿粒	干粒	
100	16	14～20	6～6.5
150	16	14～20	7～8
200	14	12～16	8～8.5
300	12	10～16	9～10.5
500	10	10～12	12

制成的片剂按照《中国药典》规定的片剂质量标准进行检查。检查的项目除片剂外观应完整光洁、色泽均匀，且有适当的硬度外，还必须包括重量差异和崩

解时限。有的片剂还规定检查溶出度和含量均匀度，凡检查溶出度的片剂，不再检查崩解时限；凡检查含量均匀度的片剂，不再检查重量差异。

溶出度是指药物从片剂或胶囊剂等固体制剂在规定溶剂中溶出的速度和程度。但在实际应用中，溶出度仅指一定时间内药物溶出的程度，一般用标示量的百分率表示。

对于口服固体制剂，特别是对那些体内吸收不良的难溶性的固体制剂，以及治疗剂量与中毒剂量接近的药物的固体制剂，均应进行溶出度检查并作为质量标准。

【重点提示】

（1）片剂一般是由两大类物质构成的：一类是发挥治疗作用的药物（即主药）；另一类是没有生理活性的物质，所起的作用主要包括填充作用、黏合作用、崩解作用和润滑作用，有时还起到着色作用、矫味作用及美观作用等，在药剂学中通常将这些物质总称为辅料。

（2）湿法制粒是在药物粉末中加入黏合剂，靠黏合剂的桥架或黏结作用使粉末聚结在一起而制备颗粒的方法，包括挤压制粒、转动制粒、流化制粒和搅拌制粒等。

【实验仪器及材料】

1. 实验仪器

分析天平、搅拌器、压片机、吊篮玻璃管、孟山都硬度计、智能溶出度仪等。

2. 实验材料

那格列奈、可压性淀粉、微晶纤维素、聚山梨酯 80、2% HPMC 水溶液、羧甲基淀粉钠、硬脂酸镁、氢氧化钠、酚酞指示剂、中性乙醇等。

【实验步骤】

1. 处方

那格列奈	25 g
可压性淀粉	10 g
微晶纤维素	10 g
聚山梨酯 80	0.5 g
2% HPMC 水溶液	适量
羧甲基淀粉钠	1 g
硬脂酸镁	0.2 g

笔 记

2. 制备工艺

（1）取 50 mL 蒸馏水，加入聚山梨酯 80，温热使溶解，撒入 1 g HPMC 搅拌使溶解，备用。

（2）取那格列奈粉末过 100 目筛，备用。

（3）称取那格列奈、可压性淀粉、微晶纤维素混合均匀，加入步骤（1）溶液适量，加入时分散面要大，混合均匀，制成软材。

（4）过 16 目筛制成湿粒，60℃干燥，干粒水分控制在 3.0% 以下。

（5）过 18 目筛整粒，与过筛的羧甲基淀粉钠、硬脂酸镁混匀，以 φ8 mm 冲模压片。

3. 那格列奈片剂质量研究

1）外观检查　　取样品 100 片，平铺于白底板上，参照第 11 页第一章实验三 "3. 对乙酰氨基酚缓释片质量研究" 中 "2）外观检查" 进行检查。

2）重量差异限度的检查　　取药片 20 片，参照第 11 页第一章实验三 "3. 对乙酰氨基酚缓释片质量研究" 中 "3）重量差异限度检查" 进行检查。

3）崩解时限的检查　　取药片 6 片，参照第 11 页第一章实验三 "3. 对乙酰氨基酚缓释片质量研究" 中 "4）崩解时限检查" 进行检查。

4）硬度检查　　取药片 6 片，参照第 11 页第一章实验三 "3. 对乙酰氨基酚缓释片质量研究" 中 "5）硬度检查" 进行检查。

5）脆碎度检查　　取 20 片药片，用吹风机吹去片剂脱落的粉末，参照第 13 页第一章实验三 "3. 对乙酰氨基酚缓释片质量研究" 中 "6）脆碎度检查" 进行检查。

4. 那格列奈片剂溶出度检查

（1）以浓盐酸 9 mL 加经脱气处理的水至 1000 mL 为溶出介质，量取 1000 mL 溶出介质注入智能溶出度仪（图 2-6）。每个操作容器内，加温使溶剂温度保持在（37±0.5）℃，调节转篮转速为 100 r/min，并使其稳定。

（2）取供试品 6 片，分别投入 6 个转篮内，将转篮降入容器内，立即开始计时。经 30 min 时，取溶液 5 mL，滤过，精密量取续滤液 1 mL，加中性乙醇 50 mL 溶解，加酚酞指示剂 2 滴，用氢氧化钠滴定液（0.1 mol/L）滴定。每毫升氢氧化钠滴定液相当于 31.74 mg 的 $C_{19}H_{27}NO_3$。

图 2-6 智能溶出度仪

扫码见彩图

【注意事项】

（1）少量的聚山梨酯 80 可明显改善那格列奈的疏水性，但加入的量过大会影响片剂的硬度及外观。

（2）制软材时需要特别注意，每次加入少量，混合均匀。

（3）智能溶出度仪水浴箱中应加入纯化水至水线，开机后水应循环。

（4）溶液滤过用不大于 0.8 μm 的微孔滤膜滤过，自取样至滤过应在 30 s 内完成。

【思考题】

（1）简述湿法制粒的优缺点及适用范围。

（2）为何有些药物的片剂或胶囊剂需测定溶出度？

（3）欲使溶出度测定结果准确，实验过程应注意哪些问题？

实验四 那格列奈片降糖作用研究

【实验目的】

（1）掌握小鼠静脉采血及腹腔注射技术。

（2）观察那格列奈片对高血糖小鼠的降糖作用。

（3）了解血糖的测量方法。

【实验原理】

那格列奈片属于非磺脲类中的格列奈类药物，其降糖机制主要在于直接促进胰岛 β 细胞分泌胰岛素，因而其降糖作用的发挥必须依赖于胰岛 β 细胞残存的功能，具有起效快、作用时间短的特点。

四氧嘧啶（或链脲霉素）是一种 β 细胞毒剂，可选择性地损伤多种动物的胰

岛 β 细胞，造成胰岛素分泌低下，引起实验性糖尿病。本实验采用腹腔注射四氧嘧啶的方法来制备小鼠 2 型糖尿病模型，由此观察那格列奈的降糖作用。

【重点提示】

（1）那格列奈主要控制非胰岛素依赖性糖尿病，即 2 型糖尿病。市售胰岛素则主要控制胰岛素依赖性糖尿病，即 1 型糖尿病。

（2）四氧嘧啶给药途径包括大鼠尾静脉注射、皮下注射、腹腔注射等，其中最常用且稳定的为腹腔注射。

【实验仪器及材料】

小鼠 30 只，性别相同，体重 20～25 g。

1 mL 注射器，小鼠灌胃针头，血糖仪及试纸，四氧嘧啶溶液（2%，m/V），那格列奈片剂混悬液（1%，m/V）。

【实验步骤】

笔 记

（1）糖尿病动物模型的建立：将实验用小鼠禁食 24 h（不禁水），腹腔注射 2% 的四氧嘧啶溶液，给药剂量为 185 mg/kg 体重。连续给药造模 3 天后，尾静脉取血测定小鼠空腹 12 h 的血糖，选择血糖含量大于 11.1 mmol/L 的小鼠作为糖尿病模型鼠。

（2）将糖尿病模型小鼠称重、标记，随机分成两组（那格列奈组和模型组），每组 10 只。另选取正常喂养 3 天的小鼠 10 只，作为对照组。

（3）那格列奈给药组一次性灌胃那格列奈混悬液（100 mg/kg 体重），模型组及对照组给予生理盐水。

（4）给药 20 min 后，尾静脉取血，血糖试纸测定各组血糖值。

（5）于给药 40 min、60 min 后，各组同法进行第 2 次、第 3 次血糖值测定。

（6）记录各组小鼠的血糖值（表 2-2），并计算各组药物的血糖总下降率。

表 2-2 各组药物对小鼠血糖值影响

组别	名称	剂量/（mg/kg）	动物数/只	给药前血糖值/（mmol/L）	给药后血糖值/（mmol/L）			下降率/%
					20 min	40 min	60 min	
1	对照组							
2	模型组							
3	那格列奈组							

【注意事项】

（1）注意本实验中腹腔注射、尾静脉取血及灌胃时注射器的角度和位置。

（2）根据不同给药方式选取不同给药剂量，大剂量多次注射可完全破坏胰岛β细胞，因此给药剂量要准确。

【思考题】

（1）那格列奈与胰岛素相比，二者在降糖作用机制上有何不同？

（2）除使用四氧嘧啶以外，还有什么药物或方法可以制备 2 型糖尿病动物模型？

本章参考文献

顾晨晨，徐朝晖，阮克锋，等. 2014. 2 型糖尿病治疗药物那格列奈的研究进展. 中国新药与临床杂志，33（2）：81-85.

任国飞. 2014. 那格列奈新剂型研究进展. 中国药业，23（16）：127-128.

杨长江，杨文科. 2005. 降糖宁胶囊降糖作用. 陕西中医，26（8）：857-858.

姚星辰，陈湘宏，段雅彬，等. 2015. 芜菁正丁醇提取物对四氧嘧啶型糖尿病小鼠血糖的影响. 天然产物研究与开发，27（04）：706-709.

尤启东，邓卫平，叶德泳，等. 2016. 药物化学（第 3 版）. 北京：化学工业出版社：320-330.

第三章　心血管药硝苯地平

循环系统疾病由多种原因诱发，对人类健康造成极大的危害，因而，治疗循环系统疾病的创新药物研究受到广泛关注。

已知的循环系统药物根据作用机制不同可分为：β 受体阻滞剂；钙通道阻滞剂；钠、钾通道阻滞剂；血管紧张素转化酶抑制剂及血管紧张素 Ⅱ 受体拮抗剂；NO 供体药物；强心药；调血脂药；抗血栓药；其他心血管系统药物等。

药物硝苯地平（nifedipine，NF）于 1969 年由德国 Bayer 公司研制上市，含有 1,4-二氢吡啶结构单元，是选择性钙通道阻滞剂的代表性药物。药理研究发现，硝苯地平能抑制心肌和血管平滑肌对 Ca^{2+} 的摄取，扩张冠状动脉，增加冠状动脉血流量，提高心肌对缺血的耐受性，同时能扩张周围小动脉，降低外周血管阻力，缓解冠状动脉痉挛，增加冠脉流量，改善心肌缺氧，从而使血压下降。临床上其主要用于治疗心律失常、高血压、心绞痛等心血管疾病，最近临床研究发现其具有治疗哮喘的效果。目前，市售制剂主要有缓释片、控释片、胶囊、乳膏等。

实验一　硝苯地平原料药的合成

【实验目的】

（1）通过本实验，掌握硝苯地平的性状、特点和化学性质。

（2）掌握二氢吡啶类化合物的合成方法。

（3）了解 Hanstzch 反应在二氢吡啶类心血管药物生产中的应用。

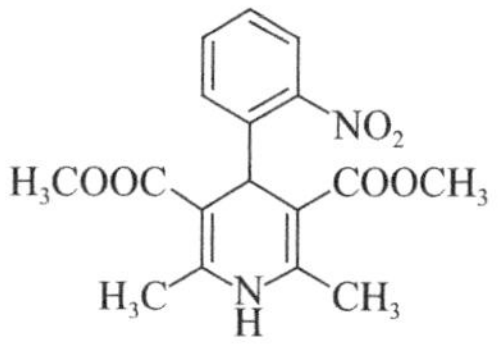

【实验原理】

硝苯地平又称心痛定、利心平、硝苯吡啶，化学名称 2,6-二甲基 -4（2-硝基苯基）-1,4-二氢 -3,5- 吡啶二甲酸二

3-1

图 3-1　硝苯地平结构式

甲酯（图 3-1）；分子式 $C_{17}H_{18}N_2O_6$；相对分子质量 346.34；黄色针状结晶或结晶性粉末，熔点 172～174℃，无嗅，无味，易溶于丙酮、氯仿、乙酸乙酯，溶于热甲醇，几乎不溶于水，遇光易变质。硝苯地平由经典的 Hantzsch 法进行合成（图 3-2）。

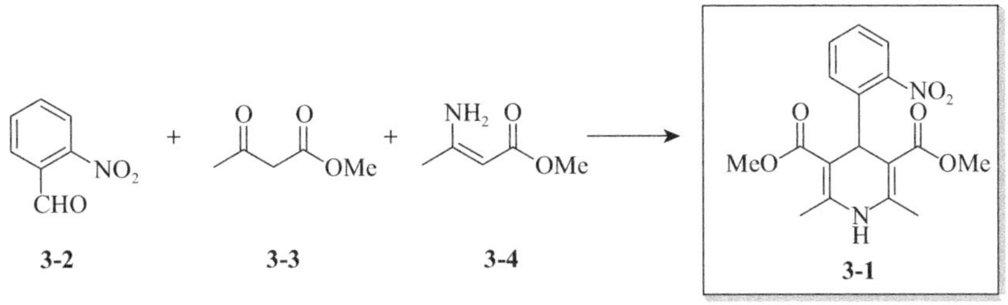

图 3-2　硝苯地平合成路线

【重点提示】

（1）以 2-硝基苯甲醛、乙酰乙酸甲酯和 3-氨基巴豆酸甲酯为主要原料，在无溶剂条件下，采用微波辐射的方式合成了硝苯地平，收率可达 81.2%。

（2）以 2-硝基苯甲醛、乙酰乙酸甲酯和 3-氨基巴豆酸甲酯为主要原料，在无溶剂条件下，以 1-丁基-3-甲基咪唑四氟硼酸盐离子液体为催化剂，合成了硝苯地平，收率可达 85%。

（3）合成硝苯地平反应的机制：首先在加热条件下碳酸氢铵分解，产生 H_2O、CO_2 及 NH_3，然后 2-硝基苯甲醛和 1 分子乙酰乙酸甲酯反应生成 2-（2-硝基亚苄基）乙酰酸甲酯，NH_3 和另 1 分子乙酰乙酸甲酯反应生成 β-氨基巴豆酸甲酯，所生成的这两个中间体再发生迈克尔加成反应，然后失水闭环得到硝苯地平。

【实验材料】

邻硝基苯甲醛（7.7 g），乙酰乙酸甲酯（15.1 g），甲醇（15 mL），碳酸氢铵（5.2 g）。

【实验步骤】

1. 环合

将邻硝基苯甲醛（7.7 g，0.05 mol）、乙酰乙酸甲酯（15.1 g，0.13 mol）、甲醇（15 mL）和碳酸氢铵（5.2 g，0.065 mol）投入圆底烧瓶（100 mL），即反应装置（图 3-3）中，加装冷凝管并通冷凝水，在磁力搅拌下，缓缓加热至 50℃，反应 1 h，然后升温至反应液回流 1.5 h，室温下冷却，黄色固体析出，抽滤，滤饼用少量冰甲醇洗

笔　记

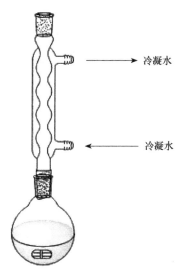

冷凝水

冷凝水

图 3-3　反应装置图

涤。滤饼干燥得粗产品，称重，计算产率。

2. 精制

加入粗品重量 7~8 倍的甲醇重结晶，静置，冷却，抽滤，少许冰甲醇洗涤，75℃下干燥，得到浅黄色结晶，称重，计算收率。熔点为 172~174℃。

3. 结构确认

（1）红外吸收光谱法、标准物 TLC 对照法。

（2）核磁共振光谱法。

【注意事项】

（1）加热前应充分搅拌物料，待混合均匀后开始缓慢加热。

（2）注意回流冷凝管内水流速的控制。

（3）用于洗涤的甲醇应事先冷却，控制用量不可过多，否则会溶解部分产品，影响收率。

【思考题】

（1）试述该实验中环合反应的机制。

（2）反应开始前充分搅拌物料的目的是什么？为什么要缓慢加热？

（3）试述合成硝苯地平的其他方法。

实验二　硝苯地平原料药质量研究

【实验目的】

（1）掌握硝苯地平原料药鉴别方法。

（2）掌握硝苯地平原料药检测方法。

（3）掌握硝苯地平原料药含量测定方法。

【实验原理】

硝苯地平，化学名为 2,6-二甲基-4-（2-硝基苯基）-1,4-二氢-3,5-吡啶二甲酸二甲酯，具有 1,4-二氢吡啶母核，苯环上硝基取代，遇光不稳定，易发生自身氧化还原反应，可在酸性溶液中用铈量法直接滴定，以邻二氮菲为指示剂。

【重点提示】

（1）药品作为特殊商品，其所含杂质的研究贯穿于整个药品研究始终。国家食品药品监督管理局（SFDA）将药物杂质定义为任何影响药物纯度的物质。杂质按其理化性质可分为有机杂质、无机杂质及残留溶剂。

（2）滴定分析法分为酸碱滴定法、沉淀滴定法、配位滴定法和氧化还原滴定法。

【实验仪器及材料】

1. 实验仪器

分析天平、紫外－可见分光光度计、红外分析仪、高效液相色谱仪、恒温干燥箱等。

2. 实验材料

硝苯地平、丙酮、氢氧化钠、三氯甲烷、无水乙醇、甲醇、2,6-二甲基-4-（2-硝基苯基）-3,5-吡啶二甲酸二甲酯、2,6-二甲基-4-（2-亚硝基苯基）-3,5-吡啶二甲酸二甲酯、高氯酸、邻二氮菲指示液、硫酸铈滴定液等。

【实验步骤】

1. 鉴别

（1）取本品约 25 mg，加丙酮 1 mL 溶解，加 20% 氢氧化钠溶液 3～5 滴，振摇，溶液显橙红色。

（2）取本品适量，加三氯甲烷 2 mL 使溶解，加无水乙

笔　记

醇制成每毫升约含 15 μg 的溶液，用紫外－可见分光光度法测定，在 237 nm 波长处有最大吸收值，在 320～355 nm 波长处有较大的吸收峰。

（3）本品的红外光吸收图谱应与对照图谱（《中国药典》2015 版光谱集）一致。

2. 检查

1）有关物质　　避光操作。取本品，精密称定，加甲醇溶解并定量稀释制成每毫升中约含 1 mg 的溶液，作为供试品溶液；另取 2,6-二甲基-4-(2-硝基苯基)-3,5-吡啶二甲酸二甲酯（杂质Ⅰ）对照品与 2,6-二甲基-4-(2-亚硝基苯基)-3,5-吡啶二甲酸二甲酯（杂质Ⅱ）对照品，精密称定，加甲醇溶解并定量稀释制成每毫升中各约含 10 μg 的混合溶液，作为对照品贮备液；分别精密量取供试品溶液与对照品贮备液各适量，用流动相定量稀释制成每毫升中分别含硝苯地平 2 μg、杂质Ⅰ 1 μg 和杂质Ⅱ 1 μg 的混合溶液，作为对照溶液。

用高效液相色谱法检测。用十八烷基硅烷键合硅胶为填充剂；以甲醇－水（60∶40）为流动相；检测波长为 235 nm。取硝苯地平对照品、杂质Ⅰ对照品与杂质Ⅱ对照品各适量，加甲醇溶解并稀释制成每毫升中各约含 1 mg、10 μg 和 10 μg 的混合溶液，取 20 μL，注入液相色谱仪，杂质Ⅰ峰、杂质Ⅱ峰与硝苯地平峰之间的分离度均应符合要求。精密量取供试品溶液与对照溶液各 20 μL，分别注入液相色谱仪，记录色谱图至主成分峰保留时间的 2 倍。供试品溶液的色谱图中如有与杂质Ⅰ峰、杂质Ⅱ峰保留时间一致的色谱峰，按外标法以峰面积计算，均不得超过 0.1%；其他单个杂质峰面积不得大于对照溶液中硝苯地平峰面积（0.2%）；杂质总量不得超过 0.5%。

2）干燥失重　　取本品，在 105℃干燥至恒重，减失重量不得超过 0.5%。

3）炽灼残渣　　取本品 1.0 g，依法检查（《中国药典》2015 版通则 0841），遗留残渣不得超过 0.1%。

4）重金属　　取炽灼残渣项下遗留的残渣，依法检查（《中国药典》2015 版通则 0821 第二法），含重金属不得超过 0.001%。

3. 含量测定

取本品约 0.4 g，精密称定，加入无水乙醇 50 mL，微温使溶解，加高氯酸溶液（取 70% 高氯酸 8.5 mL，加水至 100 mL）50 mL、邻二氮菲指示液 3 滴，立即用硫酸铈滴定液（0.1 mol/L）滴定，至近终点时，在水浴中加热至 50℃左右，继续缓缓滴定至橙红色消失，并将滴定的结果用空白试验校正。每毫升硫酸铈滴定液（0.1 mol/L）相当于 17.32 mg 的 $C_{17}H_{18}N_2O_6$。

【注意事项】

（1）参比溶液又称空白溶液，在测定吸光度时，用它来调节仪器的零点，以消除由于比色皿、溶剂、试剂和其他组分对于入射光的反射和吸收所带来的误差。

（2）硝苯地平遇光不稳定，故操作应在半暗室中进行。

【思考题】

（1）高效液相色谱中常用的色谱柱类型有哪些？

（2）为什么说红外吸收光谱是一种分子吸收光谱？

实验三　硝苯地平固体分散体的制备及质量评价

【实验目的】

（1）掌握固体分散体的制备方法。

（2）了解聚乙烯吡咯烷酮的基本性质。

（3）了解固体分散体提高溶出速率的原理和应用。

【实验原理】

固体分散体是利用一定的方法使药物在载体中呈高度分散状态的一种固体分散物。目前，固体分散体按药剂学释药性能可分为速释型、缓控释型和肠溶型；按药物分散状态可分为低共熔混合物、固体溶液、共沉淀物。固体分散体的制备方法有熔融法、溶剂法、熔融－溶剂法等。制备的固体分散体可采用热分析、显微镜、红外光谱、X 射线衍射、核磁共振等方法加以鉴别。

药物形成固体分散体后，溶解度和溶出速率会发生改变，因此可以通过测定溶出度或溶出速率来评价固体分散体的质量。固体分散体还可利用载体的包蔽作用掩盖药物的不良气味，使液态药物固体化，并可进一步制成片剂、胶囊剂、颗粒剂等。

本试验主要介绍硝苯地平速释型固体分散体的制备。对于难溶性药物，利用亲水性载体材料将其制备成固体分散物，不仅可以保持药物的高度分散状态，而且对药物具有良好的润湿性，从而提高药物溶解度，加快药物溶出速率，提高药物的生物利用度。速释型固体分散体所用的载体多为高分子化合物，如聚乙二醇、聚乙烯吡咯烷酮、泊洛沙姆、有机酸类、糖类与醇类等。最常用的是聚乙二醇4000和6000，其熔点低，毒性小，化学稳定性好，易溶于水和多种有机溶剂。聚乙烯吡咯烷酮类为无定形高分子聚合物，常用型号有K15和K30。

【重点提示】

（1）聚乙二醇（PEG）毒性小，在胃肠道内易于吸收，不干扰药物的含量分析，能显著地增加药物的溶出速率，提高药物的生物利用度，故最为常用。一般来说，PEG的用量越大，释药速率也越快。

（2）聚乙烯吡咯烷酮（PVP）热稳定性好，能溶于多种有机溶剂中，因熔点高，故多用溶剂法制备固体分散体。以PVP为载体的固体分散体主要用于提高难溶性药物的溶出度和生物利用度，一般来说，PVP用量越大，药物在介质中的溶出度和溶解度也越大。

【实验仪器及材料】

1. 实验仪器

分析天平、蒸发皿、水浴锅、真空干燥箱、尼龙筛（80目）、研钵、烧杯、溶出度检测仪、紫外分光光度计、热分析仪等。

2. 实验材料

硝苯地平（nifedipins, NF）、聚乙烯吡咯烷酮K30（PVP K30）、十二烷基硫酸钠（SLS）、无水乙醇、蒸馏水等。

【实验步骤】

笔　记

1. 处方

硝苯地平（NF）　　　　1 g

PVP K30　　　　　　　4 g

2. 制备

1）NF-PVP固体分散体的制备　　本试验采用溶剂法制备固体分散体。避光操作。称取处方量的硝苯地平与PVP于蒸发皿中，将硝苯地平与PVP混合均匀，再用适量无水乙醇溶解，置于80℃水浴中加热，并不断搅拌，蒸发乙醇近干时（黏稠状态），迅速将混合物转移至冰浴中剧烈搅拌至完全固化，−20℃冷冻 30 min，然后置于真空干燥箱中 40℃干燥 12 h，取出，研磨，过 80 目筛，即得。

2）NF-PVP 物理混合物的制备　　按处方量称取硝苯地平和 PVP 置于研钵中，混合研磨，过 80 目筛，即得。

3. 溶出度测定

1）溶出介质的配制　　称取 2.25 g SLS，溶于 900 mL 蒸馏水中，即得 0.25% SLS 溶液，脱气待用。

2）标准曲线的制备　　精密称取 5 mg 硝苯地平，置于 10 mL 容量瓶中，用无水乙醇溶解并定容，得到 500 mg/L 的母液。精密量取母液适量，用 0.25% SLS 溶液稀释成 15 mg/L、20 mg/L、25 mg/L、30 mg/L、35 mg/L、40 mg/L、45 mg/L 的系列浓度溶液，分别于 333 nm 波长处测定吸光度（A），并记录于表 3-1，以吸光度（A）为纵坐标、NF 浓度（C）为横坐标，绘制标准曲线并求出回归方程。

3）试验样品　　相当于硝苯地平 30 mg 的原料、各比例固体分散体和物理混合物。

4）溶出速率检测　　取上述样品，按《中国药典》2015 版四部通则第二法，以 0.25% SLS 溶液 900 mL 为溶出介质，转速 120 r/min，温度为 37℃，分别在 5 min、15 min、30 min、45 min、60 min 取样 10 mL，经 0.45 μm 微孔滤膜过滤，同时补加 10 mL 同温同体积的溶出介质，取滤液于 333 nm 波长处测定吸光度（A），记录。

【注意事项】

（1）硝苯地平遇光不稳定，故操作应在半暗室中进行。

（2）溶出介质在试验前应进行脱气处理，因为介质中的气泡会影响样品的崩解、扩散和溶出。

（3）在溶出度测定前，必须检查溶出仪的稳定性、转速和温度等是否符合要求。

【思考题】

（1）标准曲线的制备。

表 3-1　标准曲线测定数据

标准样品浓度 /（mg/L）	15	20	25	30	35	40	45
吸光度（A）							

a. 根据表 3-1 绘制标准曲线。

b. 求出标准曲线回归方程。

（2）溶出度。根据测得样品的吸光度（A），按标准曲线计算出相对应的样品浓度，并根据以下公式计算溶出度，记录于表 3-2 中。

$$溶出度（\%）=\frac{C\times V}{W}\times 100\%$$

式中，C 为 t 时间溶出样品浓度（mg/L）；V 为介质体积（L）；W 为投药量（mg）。

表 3-2　硝苯地平的溶出度测定数据

取样时间 /min	NF			NF-PVP 固体分散体			NF-PVP 物理混合物		
	A	C/（mg/L）	溶出度/%	A	C/（mg/L）	溶出度（%）	A	C/（mg/L）	溶出度/%
5									
15									
30									
45									
60									

（3）溶出曲线的绘制。以溶出度（%）为纵坐标、时间为横坐标，分别绘制 NF、NF-PVP 固体分散体、NF-PVP 物理混合物的溶出曲线，并比较三者的溶出速率。

（4）比较各样品的实验结果，可得出哪些结论？

（5）制备固体分散体时如何选择载体？

（6）还有哪些方法可以用来增加难溶性固体药物的溶出速率？

实验四　硝苯地平对离体血管环张力影响的研究

【实验目的】

（1）掌握离体血管实验的实验方法。

（2）观察硝苯地平对氯化钾（KCl）、去甲肾上腺素（NE）诱导的离体家兔胸主动脉血管收缩作用的影响。

【实验原理】

在临床上较为常用的三大类钙拮抗剂（苯烷胺类、地尔硫卓类和二氢吡啶类）中，二氢吡啶类钙拮抗剂具有起效快、作用持续时间短的特点。作为第一代二氢吡啶钙拮抗剂代表性药物，硝苯地平通过抑制 L-型电压依赖性钙通道，减少细胞外钙内流，降低血管平滑肌细胞内可利用钙离子的浓度，从而导致血管平滑肌舒张，外周阻力下降，最终使血压降低。

【重点提示】

（1）常用抗高血压药物主要有：利尿降压药、交感神经抑制药、钙通道阻滞药、肾素－血管紧张素系统抑制药，血管扩张药等。

（2）肾上腺素受体属于 G-蛋白偶联受体，可分为 α 肾上腺素受体和 β 肾上腺素受体。以去甲肾上腺素为代表的 α 受体激动药，能够显著收缩血管，升高血压；以异丙肾上腺素为代表的 β 受体激动药能够明显兴奋心脏、舒张血管、舒张支气管；以肾上腺素为代表的 α、β 受体激动药，作用广泛，能兴奋心脏，松弛支气管平滑肌等。

【实验仪器及材料】

家兔（体重 2～2.5 kg，雌雄不限）。

硝苯地平，去甲肾上腺素注射液，Krebs-Henseleit 营养液（K-H 液），生物信号采集处理系统，离体组织器官恒温灌流系统，肌肉张力换能器，手术剪，眼科剪，眼科镊，培养皿。

【实验步骤】

（1）血管环的制备：取成年健康家兔一只，20% 乌拉坦（5 mg/kg 体重）静脉注射麻醉，迅速打开胸腔，以心脏为标志，靠近脊柱旁，分离胸主动脉血管，尽可能将血管周围组织分离干净，置于预先通以 95% O_2 和 5% CO_2 混合气体的冷 K-H 液中，去除血管内血液，仔细分离并去除血管周围脂肪及结缔组织，剪成 3～4 mm 宽血管环标本数段。将血管环用两根不锈钢微型挂钩贯穿血管管腔，两端分别连在张力换能器和浴管底部的固定钩上，标本悬挂于盛 20 mL K-H 液的浴槽中，持续通入混合气体（95% O_2＋5% CO_2，3～4 个气泡 /s），保持温度（37±0.5）℃。张力传感器与生物信号采集处理系统相连。

（2）血管环平衡：给予 2.0 g 的前负荷，平衡 2 h。温浴期间不断调整张力，使之维持稳定，每 15 min 更换一

笔 记

次 K-H 液。

（3）待血管环稳定约 1 h 后，描记其正常张力曲线，按如下顺序给药：

a. 加入 2×10^{-3} mol/L 去甲肾上腺素 0.1 mL（10^{-5} mol/L NE 预收缩），待最大反应后，按累积法向浴槽内加入硝苯地平溶液，同时以等量溶剂作为阴性对照，观察硝苯地平的扩血管作用。实验中，加药时间间隔以每次加药后血管张力达到稳定后开始加下一个浓度。

b. 一轮实验完成后，用 K-H 液连续冲洗三次，再每 15 min 冲洗一次，直到血管环张力回复到实验前的基础水平才可以开始下一轮实验。

c. 加入 3 mol/L KCl 溶液 0.4 mL（60 mmol/L KCl 预收缩），待最大反应后，按累积法向浴槽内加入硝苯地平溶液，同时以等量溶剂作为阴性对照，观察硝苯地平的扩血管作用。实验中，加药时间间隔以每次加药后血管张力达到稳定后开始加下一个浓度。

（4）根据生物信号采集系统描记的曲线分析实验结果，并得出结论。

【注意事项】

（1）K-H 液必须临时新鲜配制：无水 $CaCl_2$ 2.52 mmol/L，KH_2PO_4 1.18 mmol/L，KCl 4.69 mmol/L，NaCl 118.07 mmol/L，$NaHCO_3$ 25 mmol/L，$MgSO_4 \cdot 7H_2O$ 1.18 mmol/L，葡萄糖 10 mmol/L；pH 7.4。

（2）分离血管外部脂肪、结缔组织和细小分支时用眼科剪细心分离，忌采用拉扯分离。

（3）每次更换灌流液时都需要已预先温热至 37℃ 的灌流液，否则血管活性很快丧失。

（4）KCl 液采用移液枪从培养槽正上方直接加入 K-H 液中，勿贴培养槽壁加入。

【思考题】

（1）根据实验结果分析硝苯地平对离体血管的作用机制。

（2）本实验亦可采用大鼠胸主动脉进行，此时，血管环平衡需要给予的前负荷及平衡时间分别是多少？

（3）若将 K-H 液中无水 $CaCl_2$ 置换成乙二醇双（2-氨基乙基醚）四乙酸（EGTA），将对结果有何影响？

本章参考文献

杜珍，谢学渊，张沂. 2013. 硝苯地平对氯化钾、去甲肾上腺素及内皮素诱导离体大鼠血管收缩的影响. 海军医学杂志，34（01）：25-28.

高义才，张卫华，温立坤. 1996. 硝苯地平的剂型及临床研究进展. 医药导报，15（2）：65-66.

李公春，田源，李存希，等. 2015. 硝苯地平的合成. 医药化工，46（3）：26-29.

刘少梅，张蜀，姚俏云，等. 2007. 硝苯地平固体分散体的制备和溶出速率研究. 广东药学院学报，23（02）：148-150.

尤启东，邓卫平，叶德泳，等. 2016. 药物化学（第3版）. 北京：化学工业出版社：230-256.

中国药典委员会. 2015. 中华人民共和国药典2015年版二部. 北京：中国医药科技出版社.

周亚健，夏瑜梓，王华，等. 2013. 硝苯地平固体分散体的制备及其溶出速率测定. 海峡药学，25（04）：11-12.

第四章 局部麻醉药苯佐卡因

　　局部麻醉药物具有阻断神经冲动传导的作用，可以暂时阻断局部疼痛传导，从而达到无痛状态，广泛应用于手术治疗。从结构上看，局部麻醉剂的结构包括亲水性基团和疏水性基团，通过酯链或酰胺键结合，主要通过阻断心肌内的钠离子通道，降低心肌兴奋性，从而起到抗心律失常或心脏毒性作用。

　　代表性药物苯佐卡因是一种脂溶性表面麻醉剂，也是合成奥索仿、奥索卡因、新奥索仿和普鲁卡因等麻醉药物的关键原料。苯佐卡因具有稳定性好、起效快、作用时间长及副作用小等特点，因而得到广泛的应用。目前，苯佐卡因在我国常用的剂型有散剂、软膏剂和栓剂；在国外，苯佐卡因的制剂品种较多，主要为含片、喷雾剂及耳用制剂，广泛应用于口腔杀菌、溃疡、咽喉止痛等。此外，《美国药典》还收载有单复方凝胶、软膏、霜剂、表面溶液剂等。苯佐卡因疗效确切、安全有效，《中国药典》把它列为我国第一批非处方药。

实验一　苯佐卡因原料药的合成

【实验目的】

（1）通过合成苯佐卡因，了解药物合成的基本过程。

（2）掌握氧化反应的原理及基本操作。

（3）掌握酯化反应的原理及基本操作。

（4）掌握还原反应的原理及基本操作。

【实验原理】

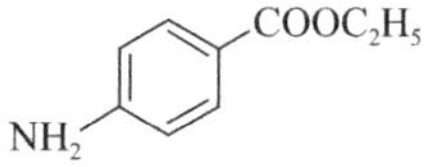

图 4-1　苯佐卡因化学结构式

　　苯佐卡因（化合物 **4-1**）为局部麻醉药物，化学名4-氨基苯甲酸乙酯、对氨基苯甲酸乙酯、4-氨基苯甲酸乙酯（图 4-1）。本节以对甲基硝基苯为原料，通过氧化、酯化和还原等反应得到目的产物 **4-1**（图 4-2）。

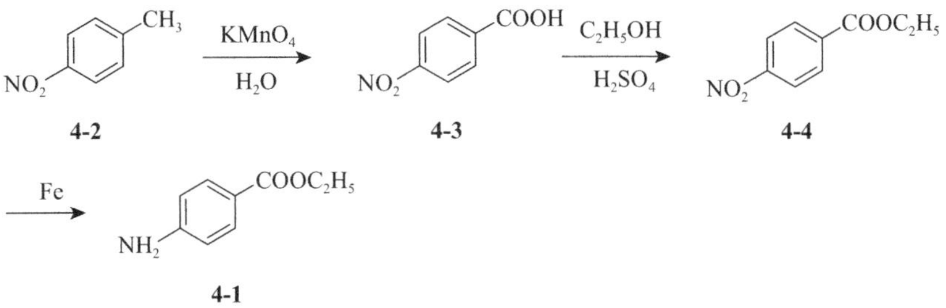

图 4-2　苯佐卡因合成路线图

【重点提示】

（1）其他合成方法：在酯化反应阶段利用微波辐射，对甲苯磺酸催化合成对硝基苯甲酸乙酯，使酯化反应时间缩短为 11 min，收率提高到 96.5%；工艺改进后，酯化和还原两个阶段的总收率达 81.1%。

（2）苯佐卡因衍生物合成：将苯佐卡因与甲基丙烯酸进行偶联，可合成得到含苯佐卡因的可聚合单体（BM），BM 进一步自聚可得到苯佐卡因的高分子载体药物（PBM），最后采用乳液聚合法制备得到 PBM 纳米微球。

【实验材料】

对硝基甲苯（7 g），高锰酸钾（10 g），水（120 mL），高锰酸钾（10 g），浓盐酸（10 mL），硝基苯甲酸（6 g），无水乙醇（24 mL），浓硫酸（2 mL），氯化钙，5% 碳酸钠溶液（10 mL），冰醋酸（2.5 mL），铁粉（8.6 g），氯化铵（0.7 g），碳酸钠饱和溶液。

【实验步骤】

1. 对硝基苯甲酸的制备（氧化）

笔　记

在装有搅拌子、温度计、回流冷凝管的 250 mL 三颈瓶，即氧化反应装置（图 4-3）中加入对硝基甲苯（7 g）、高锰酸钾（10 g）及水（100 mL），通冷凝水，开动搅拌，加热至 80℃反应 0.5 h，加入高锰酸钾（5 g），反应 0.5 h 后再加入高锰酸钾（5 g），反应 0.5 h 后升温至 90℃，继续反应 1 h 直到高锰酸钾的颜色完全消失。冷却至室温，抽滤，用水（20 mL）洗涤滤饼一次，在搅拌下向滤液中分批缓慢滴加浓盐酸 10 mL 进行酸化，待析出的沉淀冷却至室温后抽滤，水洗滤饼，抽干得粗产品，以乙醇为溶剂重结晶可得精品，熔点为 236～238℃。称重，计算收率。

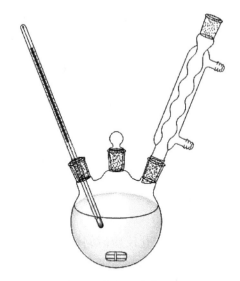

图 4-3　氧化反应装置图

2. 对硝基苯甲酸乙醇的制备（酯化）

在干燥的 100 mL 单口瓶，即酯化反应装置（图 4-4）中加入对硝基苯甲酸（6 g）、无水乙醇（24 mL），逐渐加入浓硫酸 2 mL，振摇反应瓶使其混合均匀，加装回流冷凝管，通冷凝水并在尾端附上装有氯化钙的干燥管，反应液加热至回流，反应 80 min；反应结束后，待反应液稍冷，将其倾入 100 mL 水中，抽滤；滤液移至研钵中，研细，加入 10 mL 5% 碳酸钠溶液（由 0.5 g 碳酸钠和 10 mL 水配成），研磨 5 min 至无颗粒，测 pH 检查反应物是否呈碱性，若呈酸性则补加 5% 碳酸钠溶液至碱性，过滤，用少量水洗涤，干燥，计算收率。

3. 对氨基苯甲酸乙酯的制备（还原）

A 法：在装有搅拌子及球形冷凝器的 250 mL 三颈瓶，即还原

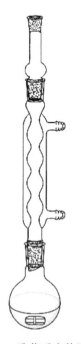

图 4-4　酯化反应装置图

反应装置（图4-5）中，加入35 mL 水、2.5 mL 冰醋酸和
8.6 g 活化铁粉，通冷凝水，启动电动搅拌，反应液加热
至95～98℃反应5 min，待反应液稍冷，加入6 g 对硝基
苯甲酸乙酯和35 mL 95% 乙醇，在激烈搅拌下回流反应
90 min。反应结束后待反应液稍冷，在搅拌下分次加入碳
酸钠饱和溶液，立即趁热抽滤，滤液迅速倒入烧杯中，冷
却后析出结晶，抽滤，产品用稀乙醇洗涤，干燥得粗品。

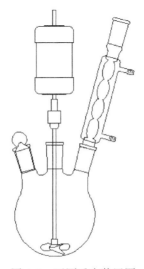

图 4-5　还原反应装置图

B 法：在装有搅拌子及球形冷凝器的100 mL 三颈瓶
中，加入25 mL 水、0.7 g 氯化铵、4.3 g 铁粉，通冷凝
水，开启电动搅拌并加热至微沸5 min 以活化铁粉。稍
冷，慢慢加入5 g 对硝基苯甲酸乙酯，在充分激烈搅拌
下加热回流反应90 min。待反应液冷至40℃左右，在搅
拌下滴加碳酸钠饱和溶液调至 pH 7～8，加入30 mL 二
氯甲烷，继续搅拌3～5 min，抽滤；用10 mL 二氯甲
烷洗三颈瓶及滤渣，抽滤，合并滤液及洗液，将其倾入
100 mL 分液漏斗中，静置分层，弃去水层，二氯甲烷层
用90 mL 5% 盐酸分三次萃取，合并萃取液（二氯甲烷回
收），用40% 氢氧化钠调至 pH 8，析出结晶，抽滤，得苯
佐卡因粗品，计算收率。

4.精制
将粗品置于装有球形冷凝器的圆底瓶（100 mL）中，

通冷凝水，加入 50% 乙醇（10~15 倍），加热溶解。稍冷，加活性炭脱色（活性炭用量视粗品颜色而定），加热回流 20 min，趁热抽滤。迅速将滤液转移至烧杯中，自然冷却，待结晶完全析出后，抽滤，用少量 50% 乙醇洗涤两次，压干滤饼，干燥，测熔点，计算收率。

5. 结构确证

（1）红外吸收光谱法（IR）、标准物 TLC 对照法。

（2）核磁共振光谱法（NMR）。

【注意事项】

（1）氧化反应中应注意反应温度的控制，温度过高时，对硝基甲苯易升华而结晶于冷凝器底部。

（2）高锰酸根带有鲜红色，而生成的二氧化锰为黑色沉淀。

（3）酯化反应应在无水条件下进行，若反应系统中含有水，收率将降低。一般无水操作的要点是：原料干燥无水；所用仪器、量具干燥无水；反应期间避免水进入反应体系。

（4）酯化反应中，产物及少量未反应的原料均溶于乙醇，但在水中溶解度较低。反应完毕，将反应液倾入水中，降低体系中乙醇的浓度，产物及原料便会从溶液中析出。这种分离方法称为稀释法。

（5）还原反应中，因铁粉比重较大，易沉于瓶底，只有将其搅拌起来才能使反应顺利进行，因此充分激烈搅拌是该反应的重要条件。前面方法 A 中所用的铁粉需预处理，方法为：称取铁粉 10 g 置于烧杯中，加入 25 mL 2% 盐酸，加热至微沸，抽滤，水洗至 pH 5~6，烘干，备用。

【思考题】

（1）高锰酸钾为什么要分批加入？是否可以用其他氧化剂？

（2）氧化反应完毕，将对硝基苯甲酸从混合物中分离出来的原理是什么？

（3）铁粉活化的目的是什么？

（4）铁酸还原反应的机制是什么？

实验二 苯佐卡因原料药质量研究

【实验目的】

（1）掌握苯佐卡因原料药鉴别方法。

（2）掌握苯佐卡因原料药含量测定方法。

【实验原理】

本品为白色结晶性粉末；味微苦，随后有麻痹感；遇光色渐变黄。本品在乙醇、三氯甲烷或乙醚中易溶，在脂肪油中略溶，在水中极微溶解；在稀酸中溶解。本品的熔点为88~91℃。

【实验仪器及材料】

紫外分光光度计、高效液相色谱、永停滴定管。苯佐卡因、碘、乙醇、三氯甲烷等。

【实验步骤】

1. 鉴别

取苯佐卡因原料（0.1 g），加氢氧化钠试液（5 mL），煮沸，即有乙醇生成；加碘试液，加热，即生成黄色沉淀，并产生碘仿的臭气。

本品的红外光吸收图谱应与对照的图谱（《中国药典》2015版光谱集）一致。

本品显芳香第一胺类的鉴别反应（参见《中国药典》2015版附录Ⅲ）。

2. 检查

1）酸度　取本品1.0 g，加中性乙醇（对酚酞指示液显中性）10 mL溶解后，加酚酞指示液2滴与氢氧化钠滴定液（0.1 mol/L）0.10 mL，应显淡红色。

2）溶液的澄清度与颜色　取本品1.0 g，加乙醇20 mL溶解，溶液应澄清无色。

3）有关物质　取本品，加无水乙醇制成每毫升中含10 mg的溶液，作为供试品溶液；精密量取适量，加无水乙醇稀释制成每毫升中含0.01 mg、0.025 mg、0.05 mg和0.1 mg的溶液，作为对照溶液。按照薄层色谱法试验，吸取上述5种溶液各20 μL，分别点于同一硅胶GF254薄层板上，以无水乙醇－三氯甲烷（0.75∶99.25）为展开剂，展开后，晾干，在紫外光灯（254 nm）下检视。供试品溶液如显杂质斑点（如原点观察到杂质斑点，应以杂质斑点计算），与对照溶液的主斑点比较，杂质总量不得超过1.0%。

4）氯化物　取本品0.2 g，加乙醇5 mL溶解后，加稀硝酸 3 滴与硝酸银试液 3 滴，不得立即发生浑浊。

5）干燥失重　取本品，置五氧化二磷干燥器中干燥至恒重，减失重量不得超过 0.5%（详细操作步骤参考 2015 年《中国药典》附录Ⅷ L）。

6）炽灼残渣　取本品 1.0 g，依法检查（详细操作步骤参考 2015 年《中国药典》附录Ⅷ N），遗留残渣不得超过 0.1%。

7）重金属　取炽灼残渣项下遗留的残渣，依法检查（详细操作步骤参考 2015 年《中国药典》附录Ⅷ H 第二法），含重金属不得超过 0.001%。

3. 含量测定

1）滴定法　取本品约 0.35 g，精密称定，按照永停滴定法（详细操作步骤参考 2015 年《中国药典》附录Ⅶ A），用亚硝酸钠滴定液（0.1 mol/L）滴定。每毫升亚硝酸钠滴定液（0.1 mol/L）相当于 16.52 mg 的 $C_9H_{11}NO_2$。

试样制备：亚硝酸钠滴定液（0.1 mol/L）。

配制：取亚硝酸钠（7.2 g），加无水碳酸钠（0.10 g），加水适量使溶解成 1000 mL。

标定：取在 120℃ 干燥至恒重的基准对氨基苯磺酸约 0.5 g，精密称定，加水 30 mL、浓氨试液 3 mL，溶解后，加盐酸 20 mL，搅拌，在 30℃ 以下用本液迅速滴定。滴定时将滴定管尖端插入液面下约 2/3 处，随滴随搅拌；至近终点时，将滴定管尖端提出液面，用少量水洗涤尖端，洗液并入溶液中，继续缓缓滴定，用永停法指示终点。每毫升亚硝酸钠滴定液（0.1 mol/L）相当于 17.32 mg 的对氨基苯磺酸。根据本液的消耗量与对氨基苯磺酸的取用量，算出本液的浓度。滴定装置图见图 4-6。

2）高效液相色谱法　采用高效液相色谱法测定苯佐卡因的含量及其有关物质。色谱柱为 ODS-BP 柱（250 mm× 4.6 mm，5 μm），流动相为冰醋酸溶液（1.0 mol/L）- 甲醇（60∶40），流速 1.0 mL/min，检测波长 290 nm。苯佐卡因在 5～125 μg/mL 浓度范围内线性良好（r=0.9999）。苯佐卡因峰与其他峰之间的分离良好。

3）紫外分光光度法　用紫外分光光度法在 290 nm 波长处测定苯佐卡因的含量。结果：苯佐卡因平均回收率为 101.22%，线性范围为 5.082～40.68 μg/mL，RSD<2%。

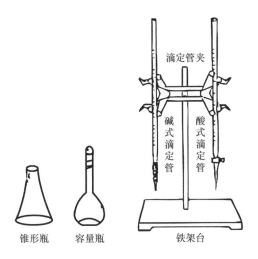

图 4-6 滴定装置图

本品为对氨基苯甲酸乙酯。按干燥品计算，含 $C_9H_{11}NO_2$ 不得少于 99.0%。

【思考题】

根据实验数据，如何完成一份苯佐卡因原料药分析报告？

实验三 苯佐卡因膜剂的制备及质量评价

【实验目的】

（1）制备苯佐卡因口腔用膜剂。

（2）熟悉膜剂制备的基本方法与基本处方。

（3）测定苯佐卡因膜剂体外累计释放度。

【实验原理】

口腔溃疡是一种常见病和多发病，发作时影响说话、吞咽、进食，全身用药对其疗效不明显，临床治疗主要使用局部制剂。膜剂能简单有效地将药物固定在病灶部位，释药性能良好。苯佐卡因具有止痛、止痒作用，可口腔局部给药用于溃疡治疗，用其制备成的膜剂可附着在湿润的口腔黏膜上，保护创面，并持续释放药物。

按照《中国药典》2015 年版四部非无菌产品微生物限度检查——微生物计

数法（通则1105）、控制菌检查法（通则1106）及非无菌药品微生物限度标准（通则1107）检查，应符合规定。用于手术、烧伤或严重损伤的局部给药制剂应符合无菌检查法规定。微生物限度检查应在环境洁净度10 000级下的局部洁净度100级的单向流空气区域内进行。检验全过程必须严格遵守无菌操作，防止再污染，防止污染的措施不得影响供试品中微生物的检出。单向流空气区域、工作台面及环境应定期按《医药工业洁净室（区）悬浮粒子、浮游菌和沉降菌的测试方法》的现行国家标准进行洁净度验证。微生物限度检查法是检查非规定灭菌制剂及其原料、辅料受微生物污染程度的方法。检查项目包括细菌数、霉菌数、酵母菌数及控制菌检查。供试品检查时，如果使用了表面活性剂、中和剂或灭活剂，应证明其有效性及对微生物无毒性。

【重点提示】

（1）聚乙烯醇（PVA）是常用的合成高分子材料，是由乙酸乙烯在甲醇溶剂中进行聚合反应生成聚乙酸乙烯，然后再与甲醇发生醇解反应而得。其性质主要由其聚合度和醇解度来决定，聚合度越大，水溶性越差，水溶液的黏度就越大，成膜性越好。目前国内使用的PVA以05-88和17-88两种规格为多：前一组数字表示聚合度，如05表示500、17表示1700；后面表示醇解度为88%。

（2）膜剂制备法常用的有三种，即匀浆法、热塑法、复合法，本实验中采用的是匀浆法。

【实验仪器及材料】

旋转蒸发仪、电子天平、真空干燥箱、酸度计、溶出度仪、高效液相色谱仪。甘油、聚山梨酯80、CMC-Na、PVA等。

【实验步骤】

笔 记

A. 膜剂的制备

1. 处方

材料	用量	处方分析
苯佐卡因	4.42 g	主药
PVA	15 g	成膜材料
CMC-Na	15 g	成膜材料
甘油	15 g	增塑剂
聚山梨酯80	15 mL	增溶剂

2. 膜剂的制备

称取处方量的PVA、CMC-Na加水过夜溶胀，水浴95℃溶解，转移至旋蒸烧瓶中；苯佐卡因溶于无水乙醇

中，依次加入甘油、聚山梨酯 80 和膜材溶液，95℃水浴加
热，60 r/min 旋蒸挥干乙醇；继续 95℃水浴加热，15 r/min
旋蒸 3 h 抽真空脱气。趁热将膜材倾倒在预热好的干净玻
璃板上，颠板使膜材均匀铺平，置 45℃的真空干燥箱中
干燥 1 h，冷却后脱模，称重，再将药膜切割成 1.5 cm×
2 cm 小片，密封。

B. 膜剂的检查

1．外观检查

所制得的膜剂应完整光洁，厚度一致，色泽均匀，无
明显气泡。

2．重量差异检查法

（1）取空称量瓶，精密称定重量；再取供试品 20 片，
置此称量瓶中，精密称定。两次称量值之差即为 20 片供
试品的总重量，除以 20，得平均重量。

（2）从已称定总重量的 20 片供试品中，依次用镊子
取出 1 片，分别精密称定重量，得各片重量。

（3）计算平均重量，保留三位有效数字。

（4）按照下表规定的重量差异限度计算允许重量差异
范围。

平均重量	重量差异限度 /%
0.02 g 以下至 0.02 g	±15
0.02 g 以上至 0.02 g	±10
0.02 g 以上	±7.5

（5）若每片重量均未超出允许重量范围，或超出重
量差异限度的膜片不多于 2 片且均未超出限度 1 倍，均判
定为符合规定；若超过重量差异限度多于 2 片，或超过重
量差异限度的膜片虽不多于 2 片，但有 1 片超出限度的 1
倍，均判定为不合格。

3．膜剂体外释放度检查

（1）绘制标准曲线色谱条件：C18 柱（50 mm×
4.6 mm，5 μm），流动相为甲醇−磷酸溶液（63∶37，
pH 3.0），流速为 1 mL/min，检测波长为 240 nm，柱温为
40℃，进样量为 10 μL。精密称取干燥至恒重的苯佐卡因标
准品 80 mg，分别用流动相溶解并定容至 1000 mL。精密量取

苯佐卡因母液 1 mL、2 mL、3 mL、4 mL、5 mL，稀释至 25 mL 作为苯佐卡因系列标准溶液。按照上述液相色谱条件进样测定，记录峰面积，以峰面积为纵坐标、质量浓度为横坐标，进行回归分析。

（2）体外释放度的检查：将制得的药膜放入溶出仪中，转篮法测定释放度，溶出介质为 pH 7.4 的 10 mmol/L 磷酸盐缓冲液 900 mL。于 15 min、30 min、1 h、2 h、3 h、4 h 分别取样 1 mL，同时溶出杯中补充预热同温的 1 mL 新鲜溶出介质。每次所取的样品液用 0.45 μm 滤膜过滤后取滤液进样，以样品理论含量为 100% 计算药膜中苯佐卡因的释放度。

4. 微生物限度检查

取供试品 10 g，加 pH 7.0 无菌氯化钠蛋白胨缓冲液至 100 mL，用匀浆仪或其他适宜的方法混匀，作为 1∶10 的供试液。必要时加适量的无菌聚山梨酯 80，并置水浴中适当加温使供试品分散均匀；供试液制备若需加温时，应均匀加热，且温度不应超过 45℃。检验时，应从 2 个以上最小包装单位中抽取供试品，膜剂不得少于 4 片。一般应随机抽取不少于检验用量（2 个以上最小包装单位）的 3 倍量供试品。根据供试品的理化特性与生物学特性，采取适宜的方法制备供试液，供试液从制备至加入检验用培养基不得超过 1 h。

【注意事项】

（1）本法适用于膜剂的重量差异检查。膜剂生产多采用流延法，药液流量、涂膜速度，以及脱膜、切割等过程均影响膜剂重量差异。本项检查的目的在于控制每片重量的一致性，保证用药剂量的准确。凡进行含量均匀度检查的膜剂，不再进行重量差异检查。

（2）在称量前后，均应仔细查对药膜片数。称量过程中，应避免用手直接接触供试品。

（3）已取出的药膜片，不得再放回供试品原包装容器内。

（4）每次取样的样品初滤液均弃去，取再次过滤后的滤液用于检测。

【思考题】

（1）如果药膜有突释效应，如何改善？

（2）如果主药在 4 h 后仍释放不完全，如何改进处方？

（3）以取样时间为横坐标、药物释放度为纵坐标，绘制释放度曲线，并观察在 4 h 内药膜的溶解程度。

实验四　苯佐卡因凝胶剂的制备及质量评价

【实验目的】

（1）熟悉凝胶剂的基本处方及常用辅料。

（2）掌握凝胶剂的制备方法及检查项目。

【实验原理】

苯佐卡因是一种脂溶性表面麻醉剂，其麻醉作用强度小、起效时间短，将其制备成凝胶剂用于局部炎症，如口腔炎、牙周炎、口角炎等，可以快速止痛，减轻患者痛苦，而且还具有保护创面的作用。

【重点提示】

（1）凝胶剂是指药物与适宜的辅料制成的均一、混悬或乳剂型的乳胶稠厚性或半固体制剂。利用水性基质制备得到的水性凝胶剂涂布性好，不油腻，易洗除，能吸收组织渗出液，不妨碍皮肤正常功能，但润滑性差，易失水，易霉变。

（2）卡波姆是丙烯酸键合烯丙基蔗糖或季戊四醇烯丙醚的高分子聚合物，常用的型号根据黏度分为 934、940、941 等。其是一种优良的水性凝胶剂，在碱性环境下时形成半固体凝胶，且 pH6～11 时黏度最大，因此其具有增稠、悬浮等重要用途，广泛应用于乳液、膏霜、凝胶中。

（3）三乙醇胺是碱调节剂，卡波姆在碱调节剂作用下可形成半固体凝胶。

（4）苯佐卡因含量测定采用永停滴定法，是利用亚硝酸钠与苯佐卡因的芳香伯胺发生重氮化反应而进行的。终点指示是利用溶液中少量亚硝酸及分解产物一氧化物在两个铂电极上产生不同反应，使检流计指针发生偏转。若温度较高会影响终点指示，因此最好置低温水浴中进行滴定。

【实验仪器与材料】

磁力搅拌器、黏度计、永停滴定仪；苯佐卡因、卡波姆（934）、乙醇、三乙醇胺、甘油。

【实验步骤】

A. 苯佐卡因凝胶剂的制备

1. 处方

卡波姆（934）17 g，甘油 180 g，水 180 g，三乙醇

笔　记

胺适量，乙醇 560 g，苯佐卡因 63 g，制成 1000 g 的凝胶剂。

2. 制备方法

将卡波姆加入甘油中充分分散，再加水研磨至分散均匀，加三乙醇胺适量，得到透明凝胶。另将苯佐卡因溶于乙醇，待全溶后加入凝胶中，充分搅拌，即得到分散均匀的透明凝胶。

B. 苯佐卡因凝胶剂的检查

1. 外观检查

所制得的凝胶剂应均匀、细腻，在常温保持凝胶状，不干涸或液化。

2. 装量检查

按照《中国药典》2015 版四部最低装量检查法（通则 0942）检查，取供试品 5 个（50 g 以上者 3 个），除去外盖和标签，容器外壁用适宜的方法清洁并干燥，分别精密称定重量，除去内容物，容器用适宜的溶剂洗净并干燥，再分别精密称定空容器的重量，求出每个容器内容物的装量与平均装量，均应符合有关规定。如有 1 个容器装量不符合规定，则另取 5 个（50 g 以上者 3 个）复试，应全部符合规定。

平均装量与每个容器装量（按标示装量计算的百分率）的结果取三位有效数字进行判断。

3. 微生物限度检查

取供试品 10 g，具体操作与注意事项参照第 60 页第四章实验三"B. 膜剂的检查"中"4. 微生物限度检查"内容。

4. 含量测定

取适量苯佐卡因凝胶剂，精密称定，置烧杯中，加水 40 mL 及盐酸溶液（0.1 mol/L）15 mL，搅拌至溶解，再加溴化钾 2 g，插入铂－铂电极后将滴定管的尖端插入液面下 2/3 处，用亚硝酸钠液（0.1 mol/L）迅速滴定，随滴随搅拌，至接近终点时，将滴定管的尖端提出液面，用少量水淋洗尖端，洗液并入溶液中，继续缓缓滴定，至电流计突然偏转不见回复，即为滴定终点，测定消耗亚硝酸钠液的体积数，计算苯佐卡因凝胶剂的药物百分含量［每毫升亚硝酸钠滴定液（0.1 mol/L）相当于 16.52 mg 的 $C_9H_{11}NO_2$］。

【注意事项】

（1）开启瓶盖时应注意避免损失。

（2）每个供试品的两次称量中应注意编号顺序和容器的号码顺序一致。

【思考题】

（1）请对处方进行分析。

（2）请简述凝胶剂的质量检查项目。

实验五　苯佐卡因的局麻作用研究

【实验目的】

（1）熟悉筛选表面麻醉用药的方法。

（2）观察苯佐卡因的局麻作用。

【实验原理】

角膜为单纯均一膜，其中有无髓鞘神经纤维，无其他感觉细胞及血管，对药物反应较恒定和持久，故常用角膜反射指标来测试局部麻醉药物的穿透性能、麻醉强度及作用持续时间。

苯佐卡因为水溶性极低的高效局部麻醉药。由于其不溶于水，故不易被吸收，涂于皮肤或黏膜上可产生迅速而持久的麻醉作用，为理想的表面麻醉剂。

【重点提示】

（1）局麻药能与 Na^+ 通道细胞膜内侧受体相结合，进而引起 Na^+ 通道蛋白的构象的改变，促使 Na^+ 通道的失活状态闸门关闭，阻止 Na^+ 内流，从而产生局麻作用。

（2）高剂量的苯佐卡因或盐酸丁卡因用于表面麻醉时，易产生高铁血红蛋白血症。

【实验对象】

家兔（体重 $2\sim2.5\,kg$，雌雄不限）。

【实验药品与器材】

5% 苯佐卡因溶液，兔固定箱，剪刀，滴管。

【实验步骤】

（1）取健康家兔 1 只放入兔固定箱内，剪去双眼睫毛。用兔须以均等力量轻触角膜上、中、下、左、右五点，观察并记录正常的角膜反射。刺激 5 个点都引起眨眼反应作为 5 分。

（2）用拇指和食指将家兔下眼睑拉成杯状，另用中指压住鼻泪管以防药液流入鼻泪管，分别在左、右两眼将药物滴入结膜囊。左眼：5% 苯佐卡因标准品 2 滴，右眼：本实验室合成 5% 苯佐卡因 2 滴。轻揉下眼睑使药液与角膜充分接触，停留 1 min 后任其溢流。

（3）分别于药后 5 min、10 min、15 min、20 min、25 min 用上述方法检查兔角膜反射，记录不同时间点家兔角膜反应的分值。同时观察有无结膜充血等反应。

【注意事项】

（1）刺激角膜的兔须宜软硬适中，并使用同一根兔须，以保证触力均等。

（2）滴药时必须压住鼻泪管，以免药液流入鼻腔，经鼻黏膜吸收而中毒，影响实验结果。

【思考题】

（1）影响药物表面麻醉效果的因素有哪些？

（2）常用的表面麻醉药物有哪些？有哪些临床用途？

本章参考文献

丁常泽. 2009. 苯佐卡因的实验室合成方法研究. 当代化工，38（3）：228-229.

卢忠. 2000. 苯佐卡因的制备方法. 数理医药学杂志，13（5）：445-446.

倪宏. 1987. 开发苯佐卡因新剂型. 中国现代应用药学，6：32-33.

陶明涛，李人宇. 2015. 复方苯佐卡因膜剂的制备及处方优化. 中国药房，26（19）：2720-2722.

尤启东，邓卫平，叶德泳，等. 2016. 药物化学（第 3 版）. 北京：化学工业出版社：149-159.

中国药典委员会. 2015. 中华人民共和国药典 2015 年版二部. 北京：中国医药科技出版社.

周卫，翁帼英. 2000. 苯佐卡因凝胶剂的研制. 江苏药学与临床研究，8（01）：6-7.

第五章 抗肝癌药物索拉非尼

索拉非尼, 化学名 4-{4-[3-(4-氯-3-三氟甲基-苯基)-酰脲]-苯氧基}-吡啶-2-羧酸甲胺, 是首个上市的口服多激酶抑制剂, 2005 年获得美国食品药品监督管理局(Food and Drug Administration, FDA)批准, 由德国 Bayer 公司和 ONYX 公司研发, 临床上用于晚期肾细胞癌治疗, 2007 年获得欧洲药品管理局(The European Agency for the Evaluation of Medicinal Products, EMEA)批准用于肝细胞癌的治疗, 2007 年美国 FDA 批准用于不能切除的肝细胞癌治疗, 2009年中国国家食品药品监督管理局批准用于不能切除的肝细胞癌治疗, 2016 年中国国家食品药品监督管理总局批准用于甲状腺癌的治疗。索拉非尼原料药为白色至灰白色固体, 熔点为 202~204℃, 药物商品名为 "多吉美"。该药物为片剂, 规格为200 mg, 主要不良反应有可控制的腹泻、皮疹、手足综合征、高血压、脱发、恶心等。目前, 索拉非尼新适应证的临床研究也在进一步进行中, 显示了较强的临床价值。

实验一 索拉非尼原料药的合成

【实验目的】

(1)掌握索拉非尼的性状、特点和化学性质。

(2)掌握索拉非尼及其类似物的合成方法。

(3)了解缩合反应在索拉非尼类药物生产中的应用。

【实验原理】

索拉非尼是一种新型的二芳基脲类衍生物, 化学名为 4-{4-[3-(4-氯-3-三氟甲基-苯基)-酰脲]-苯氧基}-吡啶-2-羧酸甲胺(图 5-1)。索拉非尼是首个口服的多激酶抑制剂, 靶向作用肿瘤细胞及其血管上的丝氨酸/苏氨酸和酪氨酸激酶受体, 因为这两种激酶会影响肿瘤细胞增生及血管生

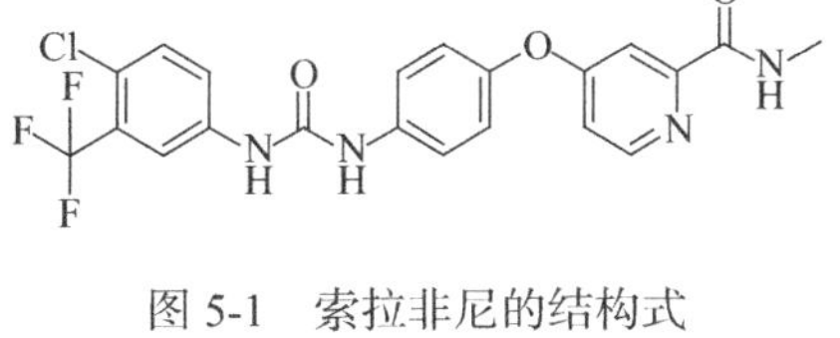

图 5-1 索拉非尼的结构式

成，从而抑制肿瘤生长过程。这些激酶包含 RAF 激酶、VEGFR-2 和 VEGFR-3（血管内皮生长因子受体）、PDGFR-β（血小板衍生生长因子受体）、KIT 和 FLT-3（属于Ⅲ型酪氨酸激酶受体家族）。索拉非尼是由 Bayer 公司和 ONYX 公司共同研制的一种多靶点生物靶向新药，美国 FDA 于 2005 年 12 月批准索拉非尼用于治疗晚期肾细胞癌，这是全球近十几年来被批准的治疗晚期肾癌的第一个新药，是晚期肾癌治疗的一项重大进展。本实验以 2-吡啶甲酸（**5-1**）为原料，经卤化、酰胺化、成醚得到中间体，再与 4-氯 -3-（三氟甲基）苯胺缩合成脲制得索拉非尼（图 5-2）。

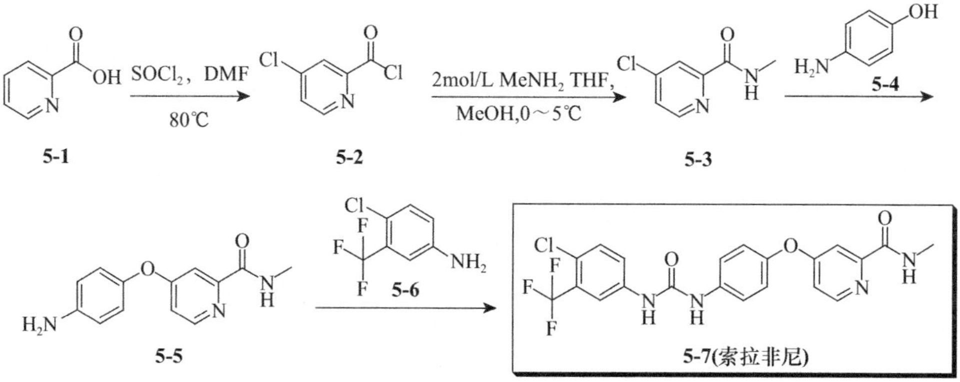

图 5-2　索拉非尼合成路线图

DMF，N,N- 二甲基甲酰胺（N, N-dimethylformamide）；THF，四氢呋喃（tetrahydrofuran）

【重点提示】

（1）有机合成反应中，经常涉及无水反应，这就要求反应严格控制水的含量，容器应当尽量烘干。可将烘干后的容器使用惰性气体吹至冷却，并封好备用。溶剂使用市售无水溶剂或经过无水处理的溶剂，反应过程中还应保持氮气或其他惰性气体的正压氛围。

（2）薄层色谱（thin layer chromatography, TLC）又称薄层层析，属于固 - 液吸附色谱。TLC 是一种微量、快速而简单的色谱法，它兼具柱色谱和纸色谱的优点：一方面适用于小量样品（几微克到几十微克，甚至 0.01 μg）的分离；另一方面在制作薄层板时，若把吸附层加厚，将样品点成一条线，则能分离多达 500 mg 的样品，因此也可用来精制样品。薄层色谱特别适用于挥发性较小或在较高温度易发生变化而不能用气相色谱分析的物质。此外，在进行化学合成反应时，常利用薄层色谱观察原料斑点的逐步消失来判断反应是否完成。

【实验材料】

2-吡啶甲酸、氯化亚砜、甲胺、对氨基苯酚、4-氯 -3-（三氟甲基）苯胺、N,N'-碳酰咪唑、叔丁醇钾、无水硫酸镁、N,N-二甲基甲酰胺、甲苯、四氢呋喃、乙酸乙酯、正己烷、二氯甲烷、石油醚等。

【实验步骤】

向干燥的三颈瓶（250 mL）中加入氯化亚砜 180 mL，升温至 45℃ 再缓慢滴加 N,N-二甲基甲酰胺 3 mL，在该温度下搅拌 10 min，然后分批加入 2-吡啶甲酸（化合物 **5-1**）（60 g，487.4 mmol），升温至 80℃ 搅拌 24 h。所得反应液蒸除过量的氯化亚砜，再加入甲苯 100 mL，减压蒸除甲苯以除去残余的氯化亚砜。氯化亚砜若有剩余，再重复一次以上操作，得到棕红色油状物（化合物 **5-2**），计算产率。

在干燥的三颈瓶（250 mL）中加入化合物 **5-2**（7 g，32.95 mmol），加入四氢呋喃（50 mL）溶解，降温，在 0℃ 下缓慢滴加甲胺的四氢呋喃溶液（2.0 mol/L，100 mL），滴毕，反应液在室温下反应 4 h，减压浓缩，然后加入乙酸乙酯（100 mL）溶解，过滤除去不溶物，滤液再用饱和食盐水（3×100 mL）洗涤，无水硫酸镁干燥，减压浓缩得到黄色固体，用正己烷-乙酸乙酯重结晶得到淡黄色固体（化合物 **5-3**），计算产率。

氮气保护下，在三颈瓶（250 mL）中加入化合物 **5-4**（1.70 g，10 mmol）及叔丁醇钾（1.34 g，12 mmol），加入 DMF（20 mL）搅拌溶解，1 h 后，将化合物 **5-3**（1.09 g，10 mmol）溶解在 DMF（10 mL）中，滴加到上述体系，滴毕后升温至 85℃ 继续反应 10 h。反应液倒入水（100 mL）中淬灭，再加入二氯甲烷萃取（150 mL×3），将有机相用无水硫酸镁干燥，有机相悬干，得到浅棕色固体（化合物 **5-5**），计算产率。

氮气保护下，在干燥的三颈瓶（250 mL）中依次加入化合物 **5-5**（5 g，21 mmol）、N,N'-碳酰咪唑（10.2 g，21 mmol），随后加入无水四氢呋喃（150 mL），在 30℃ 下搅拌 3 h，加入化合物 **5-6**（4.3 g，22 mmol），在搅拌下回流反应 3 h。减压蒸除溶剂，加入水，再用二氯甲烷萃取（50 mL×3），合并有机层，用饱和食盐水洗涤（50 mL×2），无水硫酸镁干燥，减压蒸除溶剂，得到索拉非尼粗品，用石油醚-乙酸乙酯重结晶得到白索拉非尼精品，计算产率。

结构确证：熔点法、标准物 TLC 对照法、核磁共振法。

【注意事项】

（1）氯代反应中应当尽量除去剩余的二氯亚砜，以避免对后续反应产生影响。

（2）回流反应中应当注意溶剂的消耗情况，在必要时应当补加溶剂。

（3）在 N,N'-碳酰咪唑作用的缩合步骤中，应当注意控制无水条件，选用无水溶剂，并对反应容器进行干燥。

【思考题】

试述该实验中缩合成脲的反应机制。

实验二　甲苯磺酸索拉非尼原料药质量研究

【实验目的】

（1）掌握甲苯磺酸索拉非尼原料药的分析方法。

（2）掌握高效液相色谱法的原理和操作流程。

【实验原理】

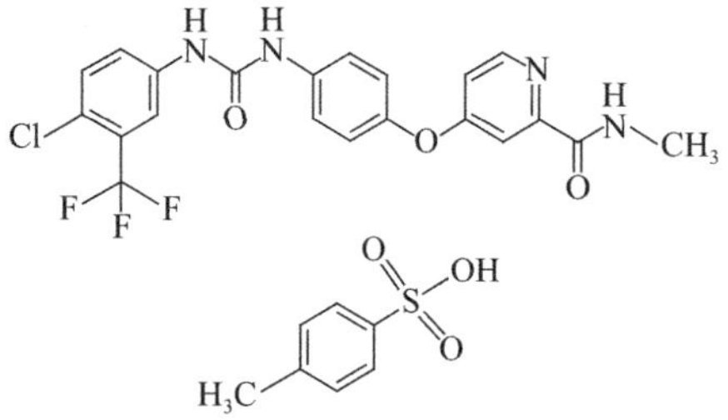

图 5-3　甲苯磺酸索拉非尼的结构式

甲苯磺酸索拉非尼，英文名为 sorafenib tosylate，化学名称为 4-(4-{3-[4-氯-3-（三氟甲基）苯基］脲基} 苯氧基)-N_2-甲基吡啶-2-羧酰胺-4-甲苯磺酸盐；分子式为 $C_{21}H_{16}ClF_3N_4O_3 \cdot C_7H_8O_3S$，相对分子质量 637.0；适用于不能手术的晚期肾细胞癌、无法手术或远处转移的原发肝细胞癌。其结构式如图 5-3 所示。

甲苯磺酸索拉非尼原料药粉末为白色至略带黄褐色的结晶性粉末，经 X 射线衍射证实为 K 晶型，在 N,N-二甲基甲酰胺和二甲亚砜中易溶，在甲醇中略溶，在乙醇中微溶，在丙酮中极微溶，在乙腈、水中几乎不溶，溶于 PEG 400。

甲苯磺酸索拉非尼目前已知的主要有关物质为化合物 **5-9** 至化合物 **5-16**，来自于合成原料、中间体及降解产物，结构式如图 5-4 所示。

【重点提示】

（1）原料药在确证化学结构或组分的基础上，应对该药品进行质量研究，并参照现行版《国家药品标准工作手册》制订质量标准。《中国药典》的附录中已有详细规定的常规测定方法，对方法本身可不进行验证，但用于申报原料药测定

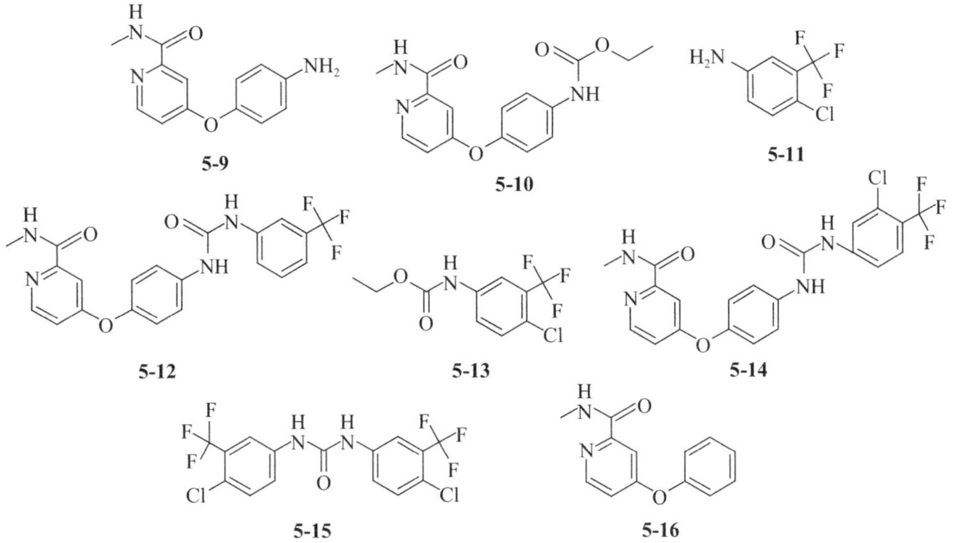

图 5-4　甲苯磺酸索拉非尼目前已知的主要有关物质

的特殊注意事项应明确标明。

（2）原料药质量标准起草说明中应包含以下项目：药品名称、有机药品的结构式、分子式与分子质量、来源、性状、鉴别、检查、含量测定、类别、剂量、注意事项、贮藏条件、制剂、检验用对照品。

（3）原料药的质量标准要求对每个项目、每个方法、每个限度或判断标准均应进行说明。说明时应列出有关的研究与实测数据、参考的药典标准与有关文献，以及供药效、毒理和临床研究用药的检验数据。稳定性试验中，加速试验和长期试验的测试数据，应考虑分析和生产中的变动因素，以考核标准中所订各项检测方法与限度的可行性。

【实验仪器及材料】

1. 实验仪器

紫外分光光度计岛津 UV2600，高效液相色谱仪 1260，分析天平 EL204，烘箱 UF110，光照仪 BC-50EN，容量瓶 25 mL，容量瓶 50 mL，坩埚等。

2. 实验材料

甲醇（分析纯），乙腈（色谱纯），微孔滤膜（0.45 μm），三氟乙酸（色谱纯），盐酸（分析纯），氢氧化钠（分析纯），过氧化氢（分析纯）等。

【实验步骤】

1. 性状

检查方法：目测。

具体操作：取本品在自然光下检视。

2. 鉴别

紫外鉴别试验：取本品细粉适量，加甲醇溶液溶解并制成每毫升约含甲苯磺酸索拉非尼 10 mg 的溶液，过滤，取滤液，同时做空白溶剂试验，供试品应在 266 nm 处有最大吸收值，在 238 nm 处有最小吸收值。

红外光谱检测：取本品干燥品约 1 mg，与 200 mg 左右溴化钾混合，置于玛瑙研钵中研磨成均匀细粉，并在专用的压片模具中加压成透明薄片，置于红外光谱仪中进行检测，获得图谱与标准图谱进行对照。

3. 检查

强酸破坏试验：取本品细粉 71.6 mg，置 50 mL 容量瓶中，加 1 mol/L 盐酸溶液 10 mL，室温放置 24 h，用 4 mol/L 的氢氧化钠溶液 2.5 mL 中和后，用乙腈－乙醇（60：40）稀释至刻度，按含量测定项下高效液相色谱法进行操作，同时做空白试验。在酸性条件下，主要降解产物杂质峰与主峰分离度应符合规定，空白溶剂对测定无干扰。

强碱破坏试验：取本品细粉 64.7 mg，置 50 mL 容量瓶中，加 1 mol/L 氢氧化钠溶液 10 mL，室温放置 24 h，用 4 mol/L 的盐酸溶液 2.5 mL 中和后，用乙腈－乙醇（60：40）稀释至刻度，按含量测定项下高效液相色谱法进行操作，同时做空白试验。在碱性条件下，主要降解产物杂质峰与主峰分离度应符合规定，空白溶剂对测定无干扰。

强氧化破坏试验：取本品 62.0 mg，置 50 mL 容量瓶中，加 30% 过氧化氢溶液 10 mL，室温放置 5 h，用乙腈－乙醇（60：40）稀释至刻度，按含量测定项下高效液相色谱法进行操作，同时做空白试验。在强氧化剂破坏下，主要降解产物杂质峰与主峰分离度应符合规定，空白溶剂对测定无干扰。

高温破坏试验：取本品细粉，在 105 ℃ 下加热 20 h

后，放至室温，取 64.7 mg，置 50 mL 容量瓶中，用乙腈 - 乙醇（60：40）稀释至刻度，按含量测定项下高效液相色谱法进行操作，同时做空白试验。在高温条件下，本品基本不降解，空白溶剂对测定无干扰。

光照破坏试验：取本品 64.1 mg，置 50 mL 容量瓶中，用乙腈 - 乙醇（60：40）稀释至刻度，在（4500±500）lx 光照强度下放置 48 h，按含量测定项下高效液相色谱法进行操作，同时做空白试验。在光照条件下，本品基本不降解，空白溶剂对测定无干扰。

4. 含量测定

取 68.9 mg 甲苯磺酸索拉非尼粉末，精密称重，放置于 50 mL 容量瓶中，用水 - 乙腈 - 乙醇（25：45：30）溶解，超声后定容至刻度，摇匀，作为供试品溶液。

取对照品粉末适量，用相同方法制成对照品溶液。

色谱条件：色谱柱为 Waters Xbridge C18（5 μm，4.6×250 mm），检测波长 235 nm，柱温 40℃，流速 1 mL/min，流动相 A 为 0.1% 三氟乙酸水溶液，流动相 B 为乙腈，梯度洗脱，比例如下表所示。

时间 /min	A/%	B/%
0	75	25
5	75	25
12	45	55
35	30	70
40	30	70
41	75	25

系统适应性：用供试品溶液来分析此色谱条件是否符合要求。各个杂质与主峰及杂质峰之间分离度、峰纯度和单点阈值应符合要求。

标准曲线：配制各浓度梯度的供试液，分别进样 10 μL，记录色谱图。以浓度（μg/mL）为横坐标、峰面积（A）为纵坐标，绘制回归曲线，计算回归系数，求出甲苯磺酸索拉非尼线性方程及范围。

重复性：取样品 6 份，分别精密称定，依法测定 6

次，计算峰面积 RSD 值。

精密度：取供试品连续进样 6 次，计算峰面积 RSD 值。

稳定性：取供试品溶液，于 0 h、1 h、2 h、4 h、8 h、12 h、24 h 进样，考察溶液稳定性。

回收率：取供试品粉末约 14 mg，9 份，精密称定，置 200 mL 量瓶中，分别加入甲苯磺酸索拉非尼对照品 8 mg、10 mg、12 mg 各 3 份置上述容量瓶中，加流动相使溶解并稀释至刻度，摇匀，作为 80%、100%、120% 供试品溶液，依法测定，计算加样回收率。

含量测定：取供试品溶液连续进样 3 次，记录色谱图，按标准曲线计算组分的含量。

【注意事项】

（1）高效液相色谱法测定甲苯磺酸索拉非尼含量时，流动相 A 中，三氟乙酸的浓度可根据实际出峰情况进行调整，调整范围为 0.1%～1.0%。

（2）甲苯磺酸索拉非尼溶解性较差，配制供试品溶液时，先用少量溶剂，超声使粉末完全溶解后，才能加入剩余量溶剂稀释至刻度。

【思考题】

（1）如何验证该高效液相色谱法测定甲苯磺酸索拉非尼含量的检测限和定量限？

（2）稳定性试验中，加速试验和长期试验的条件有何区别？观测期限为多久？检测项目有哪些？

实验三　索拉非尼片剂的制备及质量评价

【实验目的】

（1）熟悉湿法制粒原理与操作。

（2）掌握索拉非尼片剂的制备方法。

（3）掌握索拉非尼片剂的各项质量检查方法。

【实验原理】

索拉非尼是一种口服活性多激酶抑制剂，具有抑制肿瘤细胞复制及肿瘤血管生成的作用。目前，片剂是索拉非尼在临床应用的主要剂型。

片剂是指药物与药用辅料均匀混合后压制而成的片状制剂。它是现代药物制剂中应用最为广泛的剂型之一。片剂具有以下优点：①计量准确，含量均匀；②化学稳定性较好；③携带、运输、服用均较方便；④生产的机械化、自动化程度较高，产量大，成本及售价较低；⑤可以制成不同类型的各种片剂，以满足不同临床医疗的需要。

【重点提示】

（1）湿法制粒是常用的制粒方式，其原理是利用黏合剂中的液体将药物粉粒表面润湿，使粉粒间产生黏着力，然后在液体架桥与外加机械力的作用下制成一定形状和大小的颗粒，经干燥后最终以固体桥的形式固结。

（2）十二烷基硫酸钠是阴离子表面活性剂，在片剂的制备中具有良好的润滑效果，不仅能增强片剂的强度，还能促进片剂的崩解和药物的溶出。

【实验仪器及材料】

1. 实验仪器

单冲压片机、天平、筛网、喷壶、溶出试验仪、电子天平、崩解试验仪、脆碎度仪、硬度计等。

2. 实验材料

羧甲基纤维素钠、微晶纤维素、索拉非尼、羟丙甲纤维素、盐酸、十二烷基硫酸钠、硬脂酸镁、盐酸等。

【片剂的制备】

1. 处方

材料	用量 /mg	材料	用量 /mg
索拉非尼	40	十二烷基硫酸钠	3
微晶纤维素	35	硬脂酸镁（润滑剂）	适量
羧甲基纤维素钠	25		

2. 操作

（1）将原辅料粉碎过 100 目筛，备用。

（2）处方量微晶纤维素、羧甲基纤维素钠、十二烷基磺酸钠及原料药混匀。

（3）1% 羟丙甲纤维素的配制：称取 10 g 羟丙甲纤维素，100 mL 蒸馏水搅拌溶解即得。

（4）软材的制备：将混匀的原辅料，加入适量 1% 羟丙甲纤维素溶液制软材，过 20 目筛制粒，湿颗粒在 50～60℃干燥箱中干燥，经干燥后的颗粒经 16 目筛整粒，加硬脂酸镁，混匀，压片机压片，即得。每片含索拉非尼 200 mg。

【片剂的质量检查】

1. 外观检查

取样品 100 片，平铺于白底板上，具体方法参见第一章实验三第 11 页的相关实验步骤。

2. 重量差异限度检查

取药片 20 片，具体方法和注意事项参见第一章实验三第 11 页的相关实验步骤。

3. 崩解时限检查

取药片 6 片，具体方法和注意事项参见第一章实验三第 11 页的相关实验步骤。

4. 硬度检查

一般用片剂硬度测试仪。具体方法和注意事项参见第一章实验三第 11 页的相关实验步骤。

5. 脆碎度检查

取 20 片药片，具体方法和注意事项参见第一章实验三第 13 页的相关实验步骤。

6. 溶出度检查

取供试品 6 片，具体方法和注意事项参见第二章实验三第 34 页的相关实验步骤。

7. 色谱分析

用十八烷基硅烷键合硅胶为填充剂；磷酸盐缓冲液（取 1.0 g 二水合磷酸二氢钾，加水使溶解并稀释至 1 L，用磷酸调节至 pH 2.5）- 乙腈（50 : 50）为流动相，检测波长为 266 nm，柱温为 40℃。

精密称取索拉非尼对照品 75 mg，置 50 mL 容量瓶中，用 80% 甲醇定容，作为对照品贮备液。分别精密量取对照品贮备液 0.5 mL、1.0 mL、1.5 mL、2.0 mL、2.5 mL、3.0 mL，置 10 mL 量瓶中，加含 1% 十二烷基硫酸钠的 0.1 mol/L 盐酸溶液稀释至刻度，摇匀。精密量取上述溶液各 20 μL，依次进样测定，以浓度为横坐标、峰面积为纵坐标，绘制线性方程。将溶出试验所得样品按上法进行检测，并依据线性方程进行计算。

【注意事项】

（1）原辅料一定要混合均匀，否则容易造成药品外观、含量检测等不合格。

（2）羟丙甲纤维素（hydroxypropyl methylcellulose，HPMC）是高分子材料，属于非离子型纤维素混合醚中的一个品种。它是一种半合成的、不活跃的、黏弹性的聚合物，常在眼科学中用作润滑料，又或在口服药物中充当辅料，常见于各种不同种类的商品。配制其高分子溶液耗时较久，溶胀时需将粉末均匀分散在溶液液面后搅拌溶胀。

（3）软材制备的要求为"捏之成团，推之即散"。黏合剂加太多，颗粒硬度大，不利于崩解；黏合剂加太少，不利于颗粒成型。

（4）水浴液面需要略高于溶出杯中液面高度。

（5）取样时需要根据《中国药典》规定，依据溶出介质的量选择相应的针垫及取样针，且取样之前用注射器反复抽打几次，使溶出杯中的溶液混合均匀。

（6）溶液用孔径不大于 0.8 μm 的微孔滤膜滤过，自取样至滤过应在 30 s 内完成。

【思考题】

（1）请简述湿法制粒流程及注意事项。

（2）当制成的颗粒在压片过程中出现黏冲应该如何解决？

（3）当制备所得的片剂出现花片、裂片、松片、崩解迟缓这些情况时，分别应该如何解决？

实验四　索拉非尼固体脂质纳米粒的制备及质量评价

【实验目的】

（1）熟悉固体脂质纳米粒的定义、方法和优点。

（2）掌握索拉非尼固体脂质纳米粒的制备方法。

【实验原理】

固体脂质纳米粒（soild lipid nanoparticles, SLN）是近年发展的一种新型毫微粒类给药系统，是以固态的天然或合成的类脂将药物包裹于类脂核中制成粒径 50～1000 nm 的固态胶粒给药体系。SLN 作为一种新型纳米粒给药系统已受到人们的关注，它是继乳剂、脂质体、微粒和毫微粒后，用于药物控制释放的新型纳米胶团载体的给药系统，具有生理相容性好、可控制药物释放及良好靶向性等特点，既具备聚合物纳米粒的高物理稳定性、药物泄漏慢的优势，又兼具了脂质体、乳剂的低毒性和大规模生产的优点。

【重点提示】

（1）索拉非尼药物分子很难溶于水，其口服溶液和片剂因溶解度较低及肝脏首过效应导致药效不够理想。先用熔融的天然或合成的类脂及助乳化剂将索拉非尼溶解后分散在水中，可得到粒径均一、可控制药物释放及良好靶向性的索拉非尼 SLN 注射制剂。

（2）山嵛酸甘油酯是山嵛酸和甘油酯化得到的酯化物，在药品中是一种新型的脂质缓释材料，如固体脂质纳米粒、固体脂质微粒、纳米结构脂质载体等，在国外医药上市产品中应用及研究广泛。

（3）泊洛沙姆（Poloxamer）为聚氧乙烯聚氧丙烯醚嵌段共聚物，商品名为"普兰尼克"（Pluronic），是一类新型的高分子非离子表面活性剂。泊洛沙姆188平均相对分子质量为7680～9510，具有较佳的乳化能力和安全性，在医药领域受到广泛关注。

【实验材料】

索拉非尼原料药、索拉非尼标准品、泊洛沙姆188、蛋黄卵磷脂、山嵛酸甘油酯、乙酸铵、乙腈等。

【实验步骤】

笔 记

1. 处方

索拉非尼	6 mg
山嵛酸甘油酯	160 mg
蛋黄卵磷脂	350 mg
泊洛沙姆188	210 mg

2. 实验方法

精密称取处方量的索拉非尼、山嵛酸甘油酯、蛋黄卵磷脂溶于10 mL无水乙醇中，于（80±2）℃水浴下形成有机相。另取泊洛沙姆188适量溶于相同温度且体积为30 mL的水中，保温，构成水相。在搅拌（1000 r/min）下将有机相用5号针头缓慢注入水相中。搅拌2 h，浓缩体积至原来的1/2左右，将所得半透明体系快速分散于0～2℃且体积为60 mL的水相中，继续搅拌2 h，即得固体脂质纳米粒混悬液。

取15%甘露醇与索拉非尼SLN混悬液以1∶1体积混合，分装入西林瓶中，在-80℃预冻12 h后取出冻干24 h，制得索拉非尼SLN冻干粉。

【质量检查】

1. 形态、粒径及其分布

取冻干粉，加入适量蒸馏水复溶，采用激光散射粒度分析仪测定粒径与分布。

2. 包封率与渗漏率检测

精密移取质量浓度约为9.075 mg/mL的索拉非尼SLN混悬液2 mL，上样于已填充好的Sephadex G-50葡聚糖凝胶柱（10 mm×160 mm），以蒸馏水为洗脱剂，精密收集带有淡蓝色乳光部分的洗脱液，向洗脱液中加入 2 mL 乙腈破乳，得分离液 A；另精密量取 2 mL 索拉非尼 SLN 混悬液，直接加 2 mL 乙腈破乳，加蒸馏水至与 A 液等体积，得未分离液 B，液相色谱法检测 A、B 两个样品中索拉非尼的含量，计算包封率。

$$包封率 = \frac{A\ 中索拉非尼的含量}{B\ 中索拉非尼的含量}$$

3. 体外释药实验

移取 2 mL 复溶的索拉非尼 SLN 混悬液，置于预处理好的透析袋中，除去袋内气泡，用透析夹夹紧，固定于 150 mL 磷酸盐缓冲液中（pH 7.4，含 1% 聚山梨酯 80），袋上沿距液面约 1 cm，释放介质温度控制在（37±1）℃，置于恒温磁力搅拌器中，100 r/min，分别于 0.5 h、1.0 h、1.5 h、2.0 h、3.0 h、4.0 h、5.0 h、6.0 h、7.0 h、9.0 h、11.0 h、12.5 h 定时准确取样 1 mL，同时补加相同体积的同温新鲜释放介质，将样液 0.22 μm 过滤，取滤液待测。

高效液相色谱条件：色谱柱为 Inertsil ODS-3 柱（4.6 mm×250 mm，5 μm）；流动相为乙酸铵缓冲液（50 mmol/L）- 乙腈＝28∶72；检测波长为 255 nm；流速为 1.0 mL/min；柱温为 40℃；进样量为 50 μL。

4. 有机溶剂残留量检测

根据 2015 版《中国药典》，药品中乙醇限量为 0.5%，检测方法为气相色谱法，具体检测方法如下。

色谱条件与系统适用性试验：采用（6%）氰丙基苯基 -（94%）二甲基聚硅氧烷为固定液的毛细管柱；起始温度为 40℃，维持 2 min，以每分钟 3℃的速率升温至 65℃，再以每分钟 25℃的速率升温至 200℃，维持 10 min；进样口温度 200℃；检测器温度 220℃；采用顶空分流进样，分流比为 1∶1；顶空瓶平衡温度为 85℃，平衡时间为 20 min。理论板数按乙醇峰计算应不低于 10 000，乙醇峰与正丙醇峰的分离度应大于 2.0。

校正因子测定：精密量取恒温至 20℃的无水乙醇 5 mL，平行两份；置 100 mL量瓶中，精密加入恒温至 20℃的正丙醇（内标物质）5 mL，用水稀释至刻度，摇匀，精密量取该溶液 1 mL，置 100 mL 量瓶中，用水稀释至刻度，摇匀（必要时可进一步稀释），作为对照品溶液。精密量取 3 mL，置 10 mL 顶空进样瓶中，密封，顶空进样，每份对照品溶液进样 3 次，测定峰面积，计算平均校正因子，所得校正因子的相对标准偏差不得大于 2.0%。

测定法：精密量取恒温至 20℃的供试品适量，置 100 mL 量瓶中，精密加入恒温至 20℃的正丙醇 5 mL，用水稀释至刻度，摇匀，精密量取该溶液 1 mL，置100 mL 量瓶中，用水稀释至刻度，摇匀（必要时可进一步稀释），作为供试品溶液。精密量取 3 mL，置 10 mL 顶空进样瓶中，密封，顶空进样，测定峰面积，按内标法以峰面积计算，即得。

【注意事项】

（1）毛细管柱建议选择大口径、厚液膜色谱柱，规格为 30 m×0.53 mm× 3.00 μm。

（2）整个过程保持温度在脂质材料熔点以上。

【思考题】

（1）固体脂质纳米粒常用的制备方法有哪些？

（2）固体脂质纳米粒有哪些优点？

实验五　索拉非尼对 H22 荷瘤小鼠的抗肿瘤作用研究

【实验目的】

（1）了解抗肿瘤药物的体内筛选方法。

（2）观察索拉非尼对 H22 荷瘤小鼠的抗肿瘤作用。

（3）掌握小鼠肝癌 H22 移植瘤模型的建立方法。

【实验原理】

分子靶向药物具有较好的分子选择性，能高效并选择性杀伤肿瘤细胞，减少对正常组织的损伤。分子靶向药物由于其选择性高，不易发生耐药，同时安全性优于细胞毒性化疗药物，因而是目前肝癌治疗研究的重点之一。分子靶向药物索拉非尼具有直接抑制肿瘤增殖和阻断肿瘤新生血管形成的双重抗肿瘤作用，使得肝癌治疗效果有所改善。

将小鼠肝癌 H22 细胞悬液接种于昆明小鼠（KM 小鼠）腹腔内以获得含 H22 细胞的腹水，将腹水接种于小鼠皮下获得肝癌 H22 移植瘤模型。给予一定剂量的抗癌药物，可以抑制肿瘤的生长，以瘤重抑制率来评价该药的抗肿瘤活性。

【重点提示】

（1）抗肿瘤药物分类较多，其中较为合理的是分为细胞毒类和非细胞毒类两大类。细胞毒类药物即传统化疗药物，直接抑制肿瘤细胞增殖和（或）诱导肿瘤细胞凋亡，如抗代谢药物氟尿嘧啶；非细胞毒类药物主要以肿瘤分子病理过程的关键调控分子为靶点，如分子靶向药物。

（2）动物肿瘤模型的方法主要有四类，即诱发性动物肿瘤模型、移植性动物肿瘤模型、自发性动物肿瘤模型和转基因动物肿瘤模型。其中，以移植性动物肿瘤模型较常见，该方法是把动物或人的肿瘤移植到动物体内，可在同一时间内获得大量生长均匀的肿瘤，以供给药及对照。目前常用的动物实验瘤株可分为腹水癌、肉瘤及白血病三类。

【实验仪器及材料】

SPF 级昆明小鼠 20 只，雄性，体重 20～25 g。

电子天平，超净工作台，移液器，75% 乙醇溶液，1 mL 注射器，镊子，医用剪刀；索拉非尼 200 mg 加入蒸馏水 100 mL，配制成混悬液，即每 0.5 mL 含有 1 mg 索拉非尼。

【实验步骤】

（1）H22 荷瘤小鼠模型的建立：H22 细胞株复苏，培养 5～8 天后接种于 KM 小鼠腹腔内，长出含 H22 细胞的腹水，7 天后选择状况较好的腹水小鼠，颈椎脱臼处死，将处死的小鼠全身喷好 75% 乙醇后放于超净工作台中，打开小鼠腹腔，无菌条件下用移液器吸取一定量的小鼠腹水，置于 50 mL 无菌离心管中，用生理盐水（1∶3）稀释成肿瘤细胞混悬液（细胞密度达到 10^6～10^7 个 /mL 为宜）。将肿瘤细胞悬液皮下接种于小鼠右前肢腋下，0.2 mL/ 只，制备荷瘤小鼠模型。

（2）分组及给药：小鼠接种 H22 肝癌细胞 24 h 后，随机分成模型对照组和治疗组，每组 10 只。治疗组灌胃索拉非尼混悬液 0.5 mL/ 只，每天 1 次，连续 10～14 天，模型对照组灌胃相应体积的生理盐水。给药期间注意观察小鼠精神状态、活动情况、饮食情况及有无死亡等。

（3）结果观察：疗程结束后次日，小鼠逐个称重，颈椎脱臼处死，剖取肿瘤称重，检查肿瘤有无坏死感染等情况。按下表记录实验结果，分别计算出对照组与治疗组的平均瘤重，并按以下公式计算抑制率。

笔　记

$$抑瘤率 = \frac{模型组对照组平均瘤质量 - 治疗组平均瘤质量}{模型组对照组平均瘤质量}$$

组别	接种日期	药物剂量和疗程	动物数		平均体重		平均瘤重 /g	抑制率 /%
			开始	结束	开始	结束		
模型对照组								
治疗组								

【注意事项】

（1）接种肿瘤全过程一定要注意严密消毒及无菌操作，接种时注射部位一定是皮下，接种过程中注意将肿瘤的细胞混合均匀，尽量在 0.5 h 内完成。

（2）剥取瘤块时，应将周围正常组织去除。

【思考题】

（1）给荷瘤动物用药期间应注意哪些问题？

（2）给小鼠接种肿瘤的整个过程为什么要严密消毒？

本章参考文献

陈丽，何勇，高永好，等. 一种甲苯磺酸索拉非尼有关物质的检测方法. 中国发明专利 CN106226421A.

黄乐群，曹梅. 一种高效液相色谱法测定甲苯磺酸索拉非尼含量和有关物质的方法. 中国发明专利 CN105181844A. 甲苯磺酸索拉非尼片进口注册标准 JX20070240.

宋洋. 2015. 甲苯磺酸索拉非尼片的研制. 石家庄：河北医科大学硕士学位论文.

王芳，符立梧. 2008. 多靶点抗肿瘤新药索拉非尼的研究进展. 中国药理学通报，24（8）：1117-1120.

尤启东，邓卫平，叶德泳，等. 2016. 药物化学（第 3 版）. 北京：化学工业出版社：456-461.

张朝磊，欧阳雪宇，刘桂英，等. 2015. 索拉非尼专利分析. 中国新药杂志，24（11）：1207-1210.

张庆文，周后元，尤启冬. 2010. 一锅法制备抗肿瘤药对甲苯磺酸索拉非尼. 中国药物化学杂志，20（5）：358-361.

中国药典委员会. 2015. 中华人民共和国药典 2015 年版二部. 北京：中国医药科技出版社.

第六章　大肠杆菌表达系统制备重组人干扰素 α2b

　　干扰素（interferon，IFN）具有增强机体免疫、抗病毒、抗肿瘤等多种功能活性，属于有广泛生物学活性的细胞因子类药物。1957 年，病毒学家 Isaacs 等在研究灭活病毒感染鸡胚细胞时，发现鸡胚细胞囊膜内产生了一种可以有效抑制病毒增殖的物质，Isaacs 将这种物质称为"interferon"，即干扰素。干扰素按照来源不同，可分为 α 型（白细胞）、β 型（成纤维细胞）、γ 型（淋巴细胞）。其中，α 干扰素（IFN-α）由人白细胞产生，按照其氨基酸序列的不同，可进一步分为α2a、α2b、α2c 三种。

　　干扰素在一些疾病，如乙肝、丙肝及肿瘤的治疗等方面获得了肯定的效果。干扰素的最早来源是通过诱生剂诱导白细胞，经过一定的提取步骤纯化后制成血源性干扰素。这种血源性干扰素纯度和比活性低，生产成本高，容易被血液中的病毒污染。随着重组生物技术的发展，通过基因工程重组技术可以在体外大规模生产重组人干扰素。1986 年，美国 FDA 首先批准重组人干扰素 α2b 注射液进入市场。与血源性干扰素相比，基因工程干扰素具有纯度高、比活性高、成本低、无血源病毒污染、安全性高和疗效稳定等优点，广泛应用于癌症、病毒性肝炎等疾病的临床治疗。

　　目前，以干扰素为原料药的各种剂型开发取得了进步，主要包括重组人干扰素 α2b 滴眼液、乳膏、栓剂和喷雾剂，以及注射液和各种长效注射剂型，适应证主要为急慢性病毒性肝炎、尖锐湿疣、毛细胞白血病、慢性粒细胞白血病、淋巴瘤、艾滋病相关性卡波西肉瘤、恶性黑色素瘤等疾病。重组人干扰素 α2b 剂型的增加与完善，既扩大了干扰素药用品种，也增加了干扰素治疗的适应证，使干扰素原料药生产每年都有明确的需求提升。

　　干扰素 α2b 基因是人类本身就有的基因，干扰素 α2b 也是人类自身拥有的"天然干扰素"。干扰素 α2b 分子质量约为 19 200 Da，是由 165 个氨基酸组成的单链多肽，Cys1 和 Cys98、Cys29 和 Cys138 形成 2 个二硫键，pI 为 5~6，无糖基化。FDA 批准上市和后续我国 CFDA 批准的重组人干扰素 α2b 产品均为大肠杆菌重组产品。以重组人干扰素 α2b 原核生物表达载体为基本实验材料，生物制药模块的综合实验内容主要包括通过大肠杆菌表达系统制备重组人干扰素 α2b 和纯化分离工艺，以及注射剂型制备工艺。整个实验流程包含了原核生物表达生物技术药物研发阶段的相关实验内容及生产工艺过程，涉及的实验模块包括分子生物学实验、微生物培养与发酵工艺、蛋白质的分离纯化工艺、药物制剂工艺等。通过该系统的学习，使学生理解生物药物基本的生产工艺流程，掌握相关的方法学，有利于提高学生的综合实验技能，为培养学生的实践创新能力打下基础。

实验一 *E.coli* IFN-α2b 工程菌的制备

（一）重组克隆质粒 pMD19T-IFN-α2b 的构建

【实验目的】

（1）熟悉重组人干扰素 α2b（IFN-α2b）的作用。

（2）理解和掌握分子生物学操作规程；掌握 PCR 的基本原理与一般方法；掌握核酸电泳的基本原理与一般方法；掌握 PCR 仪、电泳仪等相关仪器的使用；掌握目的基因与 T 载体连接的原理和方法；掌握目的基因的扩增、验证与纯化方法。

【实验原理】

聚合酶链反应即 PCR，是一种体外特异性扩增 DNA 的技术。PCR 技术是在引物、模板 DNA 及 4 种脱氧核糖核苷酸（dNTP）存在的条件下，依赖于 DNA 聚合酶的酶促合成反应。其反应通常由三个步骤组成：①变性，即 DNA 双螺旋的氢键在高温条件下断裂，解离形成单链 DNA；②退火，即温度突然降低时，引物和其互补的模板在局部形成杂交链，而模板 DNA 由于分子结构复杂，未能形成互补；③延伸，即在 4 种 dNTP 底物及辅因子 Mg^{2+} 存在的条件下，$5' \rightarrow 3'$ 的 DNA 聚合酶催化以引物为起点的 DNA 链延伸反应。由变性到延伸的三步为一个循环，每个循环的产物同时可作为下一循环的模板；数小时之后，介于两段引物之间的特异性 DNA 片段被大量复制，数量可达 $2 \times 10^6 \sim 2 \times 10^7$ 拷贝。

PCR 结束后需要将外源 DNA 与载体进行连接。*Taq* DNA 聚合酶扩增的 PCR 产物，其 DNA 双链末端都带有一个游离的 A 碱基，可以与 T 载体末端游离的 T 碱基形成环状重组的质粒。T 载体属于克隆载体，图 6-1 为 pMD19-T 载体的质粒示意图。T 载体可大量扩增而不能表达，表达载体可表达蛋白质但复制量少，因此先用克隆载体大量扩增，再连入表达载体进行表达。连接反应温度为 37℃时连接酶的活性最高，但在该温度下末端的氢键结合不稳定，因此选择 12～16℃或 4℃过夜连接。

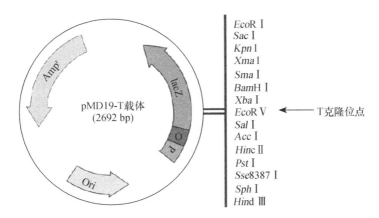

图 6-1 pMD19-T 载体结构示意图

pMD19-T 载体是一种高效克隆 PCR 产物的专用载体，该载体是在 pUC19 载体的基础上，在多克隆位点 *Xba* I 和 *Sal* I 之间插入了 *Eco*R V 识别位点，用 *Eco*R V 进行酶切反应后，再在两侧的 3′ 端添加"T"而成。因 PCR 反应时大部分耐热性 DNA 聚合酶都有在产物的 3′ 端添加一个"A"的特性，因此，该载体可大大提高 PCR 产物的连接、克隆效率。

【重点提示】

PCR 反应过程中，最常用的 DNA 聚合酶是 *Taq* DNA 聚合酶，该酶可以耐受 90℃ 以上的高温而不失活，符合使用高温变性的聚合酶链反应，因此 *Taq* 酶的发现对于 PCR 的应用有里程碑式的意义。

【实验仪器及材料】

1. 实验仪器

PCR 仪，电泳槽，电泳仪，凝胶成像仪，金属浴，制冰机，灭菌锅，台式高速离心机，移液器等。

2. 实验材料

引物，含干扰素 α2b 基因的模板质粒，天根 *Taq* Premix，PCR 产物纯化试剂盒，pMD19-T 连接试剂盒，50×TAE 缓冲液等。

【实验步骤】

1. 目的基因 IFN-α2b 的 PCR 扩增

（1）以含干扰素 α2b 基因的质粒为模板，对 IFN-α2b 进行 PCR 扩增，反应体系如下：

笔 记

Taq Premix	25 μL
上游引物 F	2 μL

下游引物 R	2 μL
含干扰素 α2b 基因的模板质粒	0.5 μL
ddH₂O	20.5 μL

配制 3 个 50 μL 反应体系，PCR 反应程序如下：

① 94℃预变性 4 min；

② 94℃变性 30 s，55℃退火 30 s，72℃延伸 45 s；30 个循环；

③ 72℃最终延伸 10 min，10℃保温。

（2）电泳检测 PCR 结果：将 DNA 样品 10 μL 加 6×上样缓冲液 2 μL（含溴酚蓝指示剂和甘油），在含有 Goldview 的 1% 琼脂糖凝胶中进行电泳。电压 100 V，电泳时间 30 min。取出凝胶，在紫外灯 254～365 nm 下观察，即可见绿色 DNA 条带。

2. PCR 产物的纯化

以 TaKaRa 的 PCR 产物纯化试剂盒（TaKaRa Mini-BEST DNA Fragment Purification Kit Ver. 4.0）对 PCR 产物进行纯化。

（1）向 PCR 反应液中加入 3 倍量的 Buffer DC，均匀混合。

（2）将试剂盒中的 Spin Column 置于 Collection Tube 上。

（3）将上述操作的溶液转移至 Spin Column 中，室温 12 000 r/min 离心 1 min，弃滤液。

（4）将 700 μL 的 Buffer WB 加入 Spin Column 中，室温 12 000 r/min 离心 30 s，弃滤液。

（5）重复操作步骤（4）。

（6）将 Spin Column 置于 Collection Tube 上，室温 12 000 r/min 离心 1 min。

（7）将 Spin Column 置于新的 1.5 mL 的离心管上，打开盖子室温放置至少 15 min，或置 37℃烘箱 10 min，以晾干乙醇。在 Spin Column 膜的中央处加入 25～30 μL 60℃预热的灭菌水，室温静置 1 min。

（8）室温 12 000 r/min 离心 1 min 洗脱 DNA。

3. PCR 产物与 pMD19-T 的连接

以 TaKaRa 的 pMD19-T 连接试剂盒进行连接反应。在微量离心管中配制下列 DNA 溶液，全量为 10 μL，4℃反应过夜。

pMD19-T 载体	1 μL
PCR 产物	3 μL
ddH₂O	1 μL
溶液 I	5 μL

【注意事项】

（1）可将滤液倒回 Spin Column 中再离心一次，以提高 DNA 的回收率。

（2）请确认 Buffer WB 中已经加入了指定体积的无水乙醇。

【思考题】

影响 PCR 反应的因素有哪些？

（二）　重组克隆质粒 pMD19-T-IFN-α2b 的热激转化和平板抗性筛选

【实验目的】

（1）掌握大肠杆菌感受态制备的基本原理与一般方法。

（2）掌握热激转化法的基本原理和步骤。

【实验原理】

转化是将外源 DNA 分子导入到受体细胞，使之获得新的遗传特性的一种方法。转化所用的受体细胞一般是限制－修饰系统缺陷变异株，即不含有限制性内切核酸酶和甲基化酶。将对数生长期的细菌（受体细胞）经理化方法处理后，细胞膜的通透性发生暂时性改变，成为能允许外源 DNA 分子进入的感受态细胞。外源 DNA 分子如质粒则可较容易地进入受体细胞。进入受体细胞的 DNA 分子通过复制和表达实现信息的转移，使受体细胞具有了新的遗传性状。

大肠杆菌采用化学转化法，细胞处于 0℃、CaCl₂ 低渗溶液中时，膨胀形成球状的感受态细胞，细胞膜通透性增加，转化混合物中的 DNA 形成抗 DNase 的羟基－钙磷酸复合物，黏附于感受态细胞表面，经过 42℃ 短时间热激处理，进入细胞内，之后细胞在富含营养的培养基上复苏生长，球状细胞复原并分裂繁殖，重组质粒在转化的细菌中表达（含目的基因和抗性基因），因而在选择性培养基平板中，可以选出阳性细菌转化子。Ca²⁺ 处理的感受态细胞，一般每微克 DNA 能转化 $10^5 \sim 10^6$ 个细胞，环化的质粒 DNA 越小，转化率越高。环化的 DNA 分子比线性 DNA 分子转化率高 1000 倍。

【重点提示】

（1）除了通过感受态细胞进行转化外，电转化法也是较为常用的转化方法，即用电脉冲短暂作用于接触外源大分子（如 DNA）的细胞，使外源大分子进入细胞，从而使细胞的遗传性发生改变。

（2）影响感受态细胞转化效率的因素包括：①细胞种类；②质粒浓度和纯度；③转化条件，如热激、冷激的温度和时间等；④活化培养的条件；⑤涂布用的培养基及抗生素浓度等。

【实验仪器及材料】

1. 实验仪器

移液器，制冰机，灭菌锅，高速台式离心机，摇床，超净工作台等。

2. 实验材料

大肠杆菌感受态细胞 DH5α，LB 液体培养基，LB（氨苄抗性）和 LB（卡那抗性）平板等。

【实验步骤】

1. 培养基的配制及灭菌

（1）LB 液体培养基 100 mL：胰蛋白胨 2 g，酵母提取物 1 g，NaCl 2 g，灭菌后加 Amp 抗生素至 100 μg/mL。

LB 液体培养基 100 mL：胰蛋白胨 2 g，酵母提取物 1 g，NaCl 2 g，灭菌后加 Kan 抗生素至 100 μg/mL。

LB 固体培养基 200 mL：胰蛋白胨 2 g，酵母提取物 1 g，NaCl 2 g，琼脂粉 3 g，使用前加 Kan 抗生素至 100 μg/mL。

LB 固体培养基 200 mL：胰蛋白胨 1 g，酵母提取物 0.5 g，NaCl 1 g，琼脂粉 1.5 g，使用前加 Amp 抗生素至 100 μg/mL。

（2）将上述配制的培养基、枪头、1.5 mL Eppendorf 管（EP 管）、玻璃试管、橡胶塞进行湿热灭菌。

2. 感受态细胞制备步骤

（1）在超净台内，用接种环挑取单克隆大肠杆菌的 DH5α 菌落于 2 mL LB 液体培养基中，37℃振荡培养过夜。

（2）将上述过夜培养的细菌按 1:100 的比例转接至 5 mL LB 液体培养基中振荡培养 2~3 h（OD_{600} 约 0.4）。

（3）将上述生长对数期的菌液置冰上 10 min，4℃，8000 r/min 离心 30 s，弃去上清液。

（4）用 100 mmol/L 的氯化钙溶液 400 μL 悬浮菌体，冰浴 10 min，4℃，4000 r/min 离心 5 min，弃上清。

（5）再把菌体悬浮在 400 μL 冰上预冷的、含 10% 甘油的 100 mmol/L 氯化钙溶液中，此菌液即为感受态菌，按

笔 记

100 μL 分装在已消毒的 EP 管内，置 −80℃冰箱中备用。

3. 热激转化

（1）将全部量的连接产物（10 μL）加入 50 μL DH5α 感受态细胞中，冰中放置 30 min。

（2）42℃热激 90 s 后，迅速取出，冰中放置 1 min。

（3）加入 400 μL LB 液体培养基，37℃，120 r/min 振荡培养 60 min。

（4）将 200 μL 菌液涂布在 LB＋Amp 抗性平板上，37℃ 培养 16～18 h，形成单菌落。

【注意事项】

（1）感受态细胞可置于 −80℃冰箱保存备用，但保存时间过长会影响感受态效率。

（2）热激的温度和时间必须准确，否则会严重影响转化效率。

【思考题】

（1）感受态制备过程中有哪些注意事项？

（2）影响转化效率的因素有哪些？

（三）重组克隆质粒 pMD19-T-IFN-α2b 的 PCR 鉴定

【实验目的】

掌握菌落 PCR 法鉴定阳性重组质粒的基本原理和方法。

【实验原理】

菌落 PCR（colony PCR）与普通 DNA 的 PCR 的不同在于，菌落 PCR 可不必提取目的基因 DNA，不必酶切鉴定，而是直接以菌体热解后暴露的 DNA 为模板进行 PCR 扩增，是一种可以快速鉴定菌落是否为含有目的基因的阳性菌落的方法。该法操作简单、快捷，灵敏度高，是有别于酶切验证的高效方法。

【重点提示】

菌落 PCR 的关键在于引物的选择，如果用片段本身的引物，会因为转化和涂板有加入的模板片段，很容易在挑克隆的时候带入片段，造成假阳性；而如果采用载体的通用引物，又无法判断是否为目的片段。那么可采用一种特异性的 PCR 鉴定方法，即用一个载体上的引物与一个片段特异的引物搭配，这样做出来的结果阳性率较高。

【实验仪器及材料】

1. 实验仪器

PCR 仪, 电泳槽, 电泳仪, 凝胶成像仪, 水浴锅, 制冰机, 灭菌锅, 高速台式离心机等。

2. 实验材料

引物, *Taq* Premix, PCR 产物纯化试剂盒, 50×TAE 缓冲液, LB 试管培养基等。

【实验步骤】

笔 记

1. 重组菌的菌落 PCR 鉴定

（1）制备 3 个 10 μL PCR 反应体系:

Taq Premix	5 μL
上游引物 F	0.4 μL
下游引物 R	0.4 μL
ddH$_2$O	4.2 μL

在超净台中用灭菌小枪头挑取转化平板中的菌落, 将枪头上的菌体置于 PCR 反应体系中, 作为 PCR 反应的模板（设置阴性和阳性对照组）。把枪头打在 1.5 mL 灭菌 EP 管中, 做好标记放置在 4℃备用。

PCR 反应程序如下: 94℃预变性 4 min; 94℃变性 30 s, 55℃退火 30 s, 72℃延伸 45 s, 30 个循环; 72℃延伸 10 min, 10℃保温。

（2）核酸电泳检测 PCR 结果。将 DNA 样品 10 μL 加 6×上样缓冲液 2 μL（含溴酚蓝指示剂和甘油）, 在含有 Goldview 的 1% 琼脂糖凝胶中进行电泳。电压 100 V, 电泳时间 30 min。取出凝胶, 在紫外灯 254～365 nm 下观察, 即可见绿色 DNA 条带。PCR 结果显示有正确条带的菌落即为阳性重组菌。

2. 阳性菌落的试管培养

（1）根据 PCR 鉴定结果, 挑选 2～3 个阳性菌做试管培养。在每根试管中加入 5 mL 含 Amp 抗生素的 LB 培养基, 并加入 5 μL 100 mg/mL Amp 抗生素, 将阳性枪头打入试管中。

（2）37℃, 200 r/min 培养过夜。

【注意事项】

（1）枪头上留有残余菌体，若后期检测结果为阳性，则该枪头上的菌体可以继续培养。

（2）非特异性条带的出现，可能的原因为：引物聚合形成二聚体；引物与靶序列不完全互补；退火温度过低、特异性不高；PCR 循环次数过多等。

【思考题】

（1）菌落 PCR 过程中，如何避免假阳性的出现？

（2）除菌落 PCR 以外，请列举其他用于鉴定重组质粒的方法。

（四）　重组克隆质粒 pMD19-T-IFN-α2b 的提取及酶切鉴定

【实验目的】

（1）掌握质粒提取的原理和步骤。

（2）掌握质粒的酶切验证方法。

【实验原理】

质粒抽提试剂盒结合了优化的碱裂解法及方便快捷的硅膜离心技术，具有高效、快捷的特点。其中用到三种溶液及硅酸纤维膜（超滤柱）。

溶液 P1：50 mmol/L 葡萄糖 /25 mmol/L Tris-HCl/10 mmol/L EDTA，pH 8.0；

溶液 P2：0.2 mol/L NaOH/1% SDS；

溶液 P3：3 mol/L 乙酸钾 /2 mol/L 乙酸 /75% 乙醇。

1. 溶液 P1

葡萄糖使悬浮后的大肠杆菌不会快速沉积到管子的底部；EDTA 是 Ca^{2+} 和 Mg^{2+} 等二价金属离子的螯合剂，其主要目的是为了螯合二价金属离子从而抑制 DNase 的活性；可添加 RNase A 消化 RNA。

2. 溶液 P2

此步为碱处理。其中，NaOH 主要是为了溶解细胞、释放 DNA，因为在强碱性的情况下，细胞膜发生了从双层膜结构向微囊结构的变化。SDS 与 NaOH 联用，其目的是为了增强 NaOH 的强碱性，同时 SDS 作为阴离子表面活性剂破坏脂双层膜。这一步要注意两点：第一，时间不能过长，因为在这样的碱性条件下基因组 DNA 片段也会慢慢断裂；第二，必须温柔混合，不然基因组 DNA 会断裂。

3. 溶液 P3

溶液 P3 的作用是沉淀蛋白和中和反应。其中，乙酸钾是为了使钾离子置换十二烷基硫酸钠（sodium dodecylsulfate，SDS）中的钠离子而形成十二烷基硫酸钾（potassium dodecylsulfate，PDS），PDS 不溶水，由于一个 SDS 分子平均结合两个氨基酸，钾钠离子置换所产生的大量沉淀自然就将绝大部分蛋白质沉淀了。2 mol/L 的乙酸是为了中和 NaOH。基因组 DNA 一旦发生断裂，只要是 50～100 kb 大小的片段，就没有办法再被 PDS 共沉淀了，所以碱处理的时间要短，而且不得激烈振荡，不然最后得到的质粒上总会有大量的基因组 DNA 混入，琼脂糖电泳可以观察到一条浓浓的总 DNA 条带。75% 乙醇主要是为了清洗盐分和抑制 DNase 活性；同时溶液 P3 的强酸性也是为了使 DNA 更好地结合在硅酸纤维膜上。

DNA 限制性内切核酸酶是生物体内能识别并切割特异的双链 DNA 序列的一种内切核酸酶。它是可以将外来的 DNA 切断的酶，即能够限制异源 DNA 的侵入并使之失去活力，但对自己的 DNA 却无损害作用，这样可以保护细胞原有的遗传信息。由于这种切割作用是在 DNA 分子内部进行的，故名限制性内切核酸酶（简称限制酶）。限制性内切核酸酶在分子克隆中得到了广泛应用，它们是重组 DNA 的基础。绝大多数限制酶识别长度为 4～6 个核苷酸的回文对称特异核苷酸序列（如 *Eco*R I 识别 6 个核苷酸序列：5′- G↓AATTC-3′），有少数酶识别更长的序列或简并序列。酶的切割位点在识别序列中，有的在对称轴处切割，产生平末端的 DNA 片段（如 *Sma* I：5′-CCC↓GGG-3′）；有的切割位点在对称轴一侧，产生带有单链突出末端的 DNA 片段称黏性末端，如 *Eco*R I 切割识别序列后产生两个互补的黏性末端。

【重点提示】

碱法提取质粒是基于细菌染色体 DNA 与质粒 DNA 的变性与复性特征而达到分离目的的。在 pH 高达 12.6 的碱性条件下，染色体 DNA 的氢键断裂，双螺旋结构解开而变性。质粒 DNA 的大部分氢键也断裂，但超螺旋共价闭合环状的质粒 DNA 两条互补链不会完全分离，当以 pH4.8 的 NaAc 高盐缓冲液调节其 pH 至中性时，变性的质粒复性迅速而准确；而细菌染色体 DNA 的两条互补链彼此已完全分开，复性就不会那么迅速而准确，它们相互缠绕形成网状结构，通过离心，细菌染色体 DNA 与不稳定的大分子 RNA、蛋白质-SDS 复合物及细菌碎片等一起沉淀下来而被除去。

【实验仪器及材料】

1. 实验仪器

水浴锅，凝胶成像仪，灭菌锅，制冰机等。

2. 实验材料

TaKaRa 质粒提取试剂盒，限制性内切核酸酶，50×TAE 缓冲液等。

【实验步骤】

1. 质粒 pMD19-T-IFN-α2b 和表达载体 pET28α 的提取

（1）提取质粒前先保种：40% 甘油，按 1 : 1 体积保种。

（2）取 3～5 mL 的过夜培养菌液，10 000 r/min 离心 1 min，弃上清。

（3）加 250 μL 溶液 P1（含 RNase），用加样枪吹吸打散。

（4）加 250 μL 溶液 P2，立即缓慢轻柔颠倒多次，观察菌液变清亮，有黏稠物出现，室温静置 3 min。

（5）加 350 μL 溶液 P3，轻轻翻转 10 次，使白色沉淀散开，室温静置 2 min。

（6）12 000 r/min 离心 10 min。

（7）将上清小心的吸取转入吸附柱中，12 000 r/min 离心 1 min。

（8）向柱子里加 500 μL 去蛋白液 DW1，12 000 r/min 离心 30 s。

（9）去掉套管中的流出液，加 500 μL Wash Solution 至柱子中，12 000 r/min 离心 30 s。

（10）重复步骤（8）。12 000 r/min 离心 30 s，去下清。

（11）将柱子转入到一干净的 1.5 mL 的 EP 管中，打开 EP 管盖子，37℃放置 10 min。

（12）烘干乙醇。在柱子的中央加入 30 μL 60℃预热的洗脱液，静置 1 min，12 000 r/min 离心 1 min，即可获得质粒。

（13）将 DNA 样品 5 μL 加 6× 上样缓冲液 2 μL（含溴酚蓝指示剂和甘油），在含有 Goldview 的 1% 琼脂糖凝胶中进行电泳。电压 100 V，电泳时间 30 min。取出凝胶，在紫外灯 254～365 nm 下观察，即可见绿色 DNA 条带。

2. 质粒 pMD19-T-IFN-α2b 的限制性内切核酸酶酶切验证

（1）在一无菌的 1.5 mL 离心管中建立如下反应体系（操作在冰上进行）：

pMD19-T-IFN-α2b 质粒	5 μL
反应缓冲液	1 μL
限制性内切核酸酶 1	0.5 μL
限制性内切核酸酶 2	0.5 μL

ddH₂O　　　　　　　　　　　　加至 10 μL

（2）用移液器将上述体系混匀，于37℃水浴中反应30 min。

（3）使用 TAE 缓冲液制作琼脂糖凝胶，然后对目的 DNA 进行琼脂糖凝胶电泳，分析重组质粒是否酶切正确。

（4）将酶切正确的阳性重组质粒置冰箱冷冻保存备用。

【注意事项】

（1）溶液 P1 中加入 RNase 可以降低质粒样品中的 RNA 残留。

（2）注意上述实验步骤1.质粒的提取中的第（4）步中，时间不能过长，因为在这样的碱性条件下基因组 DNA 片段也会慢慢断裂；必须温柔混合，不然基因组 DNA 会断裂。

（3）碱处理的时间要短，而且不得激烈振荡，不然最后得到的质粒上会有大量的基因组 DNA 混入。

【思考题】

（1）电泳结果中，质粒样品为何会存在多个条带？分析其原因。

（2）影响酶切效率的因素有哪些?

（五）重组表达质粒 pET28α-IFN-α2b 的构建

【实验目的】

掌握割胶回收的原理和步骤。

【实验原理】

DNA 样品经琼脂糖凝胶电泳后，将目的 DNA 条带用刀片切下来，用裂解液将凝胶溶解，溶液中的 DNA 片段与硅胶膜特异结合，在洗脱液条件下被洗脱，从而达到核酸纯化回收的目的。

【重点提示】

DNA 除了能与特异性硅胶膜相结合外，还可以通过其他方法回收 DNA，如玻璃珠/纯化填料法、低熔点琼脂糖法、透析带电洗脱法和 DEAE 纤维素膜纸片法。

【实验仪器及材料】

1. 实验仪器

水浴锅，凝胶成像仪，灭菌锅，制冰机等。

2. 实验材料

TaKaRa 片段纯化试剂盒，TaKaRa 胶回收试剂盒，限制性内切核酸酶，50×

TAE 缓冲液等。

【实验步骤】

1. 质粒 pMD19-T-IFN-α2b 的限制性内切核酸酶酶切及割胶回收

（1）在一无菌的 1.5 mL 离心管中建立如下反应体系（操作在冰上进行）：

pMD19-T-IFN-α2b 质粒	15 μL
反应 Buffer	3 μL
限制性内切核酸酶 1	1.5 μL
限制性内切核酸酶 2	1.5 μL
ddH$_2$O	加至 30 μL
pET28 α 质粒	15 μL
反应 Buffer	3 μL
限制性内切核酸酶 1	1.5 μL
限制性内切核酸酶 2	1.5 μL
ddH$_2$O	加至 30 μL

（2）用移液器将上述两个体系混匀，于 37℃水浴中反应 30 min。

（3）DNA 酶切片段的割胶回收。在紫外灯下分别切出含有目的 DNA 和表达载体的琼脂糖凝胶，用纸巾吸尽凝胶表面的液体。胶块超过 300 mg 时，请使用多个 Spin Column（离心柱）进行回收，否则严重影响回收率。

（4）称量胶块重量，计算胶块体积，以 1 mg＝1 μL 进行计算。

（5）向胶块中加入 3 倍凝胶体积量的胶块溶解液 Buffer GM。

（6）均匀混合后室温 15～25℃溶解胶块。此时应间断振荡混合，使胶块充分溶解（5～10 min）。

注：胶块一定要充分溶解，否则将会严重影响 DNA 的回收率。高浓度凝胶可以适当延长溶胶时间。

（7）当凝胶完全溶解后，观察溶胶液的颜色，如果溶胶液颜色由黄色变为橙色或粉色，向上述胶块溶解液中加入 3 mol/L 乙酸钠溶液（pH5.2）10 μL，均匀混合至溶液恢复黄色。当分离小于 400 bp 的 DNA 片段时，应在此溶液中再加入终浓度为 20% 的异丙醇。

（8）将试剂盒中的 Spin Column 安置于 Collection Tube 上。

（9）将上述操作步骤的溶液转移至 Spin Column 中，12 000 r/min 离心 1 min，弃滤液。

注：如将滤液再加入 Spin Column 中离心一次，可以提高 DNA 的回收率。

（10）将 700 μL 的 Buffer WB 加入 Spin Column 中，室温 12 000 r/min 离心 30 s，弃滤液。

（11）重复步骤（10）。

（12）将 Spin Column 安置于 Collection Tube 上，室温 12 000 r/min 离心 1 min。

（13）将 Spin Column 安置于新的 1.5 mL 的离心管上，在 Spin Column 膜的中央处加入 30 μL 灭菌蒸馏水或 Elution Buffer，室温静置 1 min。

注：将灭菌蒸馏水或 Elution Buffer 加热至 60℃使用时，有利于提高洗脱效率。

（14）室温 12 000 r/min 离心 1 min 洗脱 DNA。

2. 目的基因片段和表达载体 DNA 片段的浓度确定

用 Nanodrop 确定目的基因片段和表达载体 DNA 片段的浓度。若无仪器，则通过核酸电泳确定浓度。

3. 目的基因片段和表达载体 DNA 的连接

在一无菌的 1.5 mL 离心管中建立如下反应体系：

溶液 I	10 μL
目的基因片段	7 μL
表达载体 DNA	3 μL
ddH$_2$O	加至 20 μL

总体积 20 μL，操作在冰上进行。4℃过夜反应。

【注意事项】

（1）应注意尽量切除不含目的 DNA 部分的凝胶，尽量减小凝胶体积，提高 DNA 回收率。

（2）切胶时请注意不要将 DNA 长时间暴露于紫外灯下，以防止 DNA 损伤。

（3）胶浓度较大或比较难溶时，可以在 37℃加热。

【思考题】

（1）影响割胶回收效率的因素有哪些?

（2）列举其他 DNA 回收的方法，并分析其利弊。

（六）重组表达质粒 pET28α-IFN-α2b 的转化

【实验目的】

（1）掌握表达质粒转化大肠杆菌感受态的基本原理与一般方法。

（2）将表达质粒 pET28α-IFN-α2b 转入受体细胞。

【实验原理】

实验原理同第 85 页"实验一（二）'重组克隆质粒 pMD19-T-IFN-α2b 的热激转化和平板抗性筛选'"。

【实验仪器及材料】

1. 实验仪器

水浴锅，电冰箱，灭菌锅，高速台式离心机，摇床，移液器等。

2. 实验材料

无水乙醇，3 mol/L CH_3COONa 溶液，70% 乙醇，LB（卡那抗性）平板，LB 液体培养基等。

【实验步骤】

1. 连接体系的纯化

（1）加入 2.5 μL（1/10 量）的 3 mol/L CH_3COONa（pH5.2）。

（2）加入 62.5 μL（2.5 倍量）的冷无水乙醇，−20℃ 放置 30~60 min。

（3）离心回收沉淀，用 70% 的冷乙醇清洗沉淀，真空干燥。

（4）20 μL ddH_2O 溶解，全部转化至 100 μL 的感受态细胞中。

2. 热激转化

将全部量的连接产物（22 μL）加入 100 μL JM109 感受态细胞中，冰中放置 30 min。42℃ 热激 90 s 后，冰中放置 1 min。加入 890 μL LB 液体培养基，37℃，120 r/min 振荡培养 60 min。离心，弃去 860 μL 上清液，用剩余的上清液将沉淀悬浮起来。将悬浮的沉淀全部涂布在 LB（卡那抗性）平板上，37℃ 培养 16~18 h 形成单菌落。

笔　记

【注意事项】

（1）此步选做，可省略。连接体系纯度越高，转化效率也越高。

（2）因为 pET28α 载体自带卡那霉素抗性，因此固体平板应选择卡那霉素抗性平板。

【思考题】

（1）将转有质粒的细菌涂布于不含抗生素的 LB 平板上，此组正常情况下会有何现象？

（2）将空细菌涂布于含抗生素的 LB 平板上，此组正常情况下会有何现象？

（七）重组表达质粒 pET28α-IFN-α2b 的 PCR 鉴定和测序

【实验目的】

（1）掌握抗性平板筛选阳性表达重组质粒的原理和步骤。

（2）完成表达质粒 pET28α-IFN-α2b 的构建、验证与提取。

【实验原理】

DNA 测序（DNA sequencing）是指分析特定 DNA 片段的碱基序列。目前 DNA 测序的方法包括化学修饰法测序和 Sanger 法测序。

化学修饰法测序是指用化学试剂处理末段 DNA 片段，造成碱基的特异性切割，产生一组具有各种不同长度的 DNA 链的反应混合物，经凝胶电泳分离。化学切割反应包括：碱基的修饰，修饰的碱基从其糖环上转移出去，在失去碱基的糖环处 DNA 断裂。

Sanger 法测序即双脱氧链终止法（chain termination method），是根据核苷酸在某一固定的点开始，随机在某一个特定的碱基处终止，并且在每个碱基后面进行荧光标记，产生以 A、T、C、G 结束的四组不同长度的一系列核苷酸，然后通过高分辨率变性凝胶电泳进行检测，从而获得可见的 DNA 碱基序列。

目前，市场上的基因测序仪的型号和功能都在不断升级，高自动化、高通量、高质量、高灵敏度是这些全自动测序仪的共同特征。快速的 DNA 测序方法的出现极大地推动了生物学和医学的研究与发现。

【重点提示】

（1）不同的测序公司，采用的测序方法或测序仪器不同，可根据各自的实验需求进行选择。

（2）在基础生物学研究中，以及在众多的应用领域，如诊断、生物技术、法医生物学、生物系统学中，DNA 序列知识已成为不可缺少的知识。现代 DNA 测序技术能快速测序完整的 DNA 序列，包括人类基因组，以及其他许多动物、植物和微生物物种的完整 DNA 序列。

【实验仪器及材料】

1. 实验仪器

PCR 仪，电泳槽，电泳仪，凝胶成像仪，制冰机，灭菌锅，高速台式离心机等。

2. 实验材料

天根 *Taq* Premix，PCR 产物纯化试剂盒，50×TAE 缓冲液等。

【实验步骤】

1. 重组菌的菌落 PCR 鉴定

（1）制备 PCR 反应体系：

Taq Premix	5 μL
上游引物 F	0.4 μL
下游引物 R	0.4 μL
ddH$_2$O	4 μL

在超净台中用灭菌小枪头挑取转化平板中的菌落，将枪头上的菌体置于 PCR 反应体系中，作为 PCR 反应的模板。

PCR 反应程序如下：95℃预变性 5 min；94℃变性 30 s，56℃退火 30 s，72℃延伸 30 s，30 个循环；72℃最终延伸 10 min。每个组挑选 5～10 个菌落。

（2）核酸电泳检测 PCR 结果：将 DNA 样品 10 μL 加 6×上样缓冲液 2 μL（含溴酚蓝指示剂和甘油），在含有 Goldview 的 1% 琼脂糖凝胶中进行电泳。电压 100 V，电泳时间 30 min。取出凝胶，在紫外灯 254～365 nm 下观察，即可见绿色 DNA 条带。PCR 结果显示有正确条带的菌落即为重组表达质粒 pET28α-IFN-α2b。

（3）PCR 产物的测序鉴定：将阳性 PCR 产物送去测序公司测序。

2. 重组菌的保藏

将重组菌接种至 3 mL LB 培养基中，培养 8～12 h。取 500 μL 菌液和 500 μL 30% 灭菌甘油溶液混合均匀，−80℃保存。

【注意事项】

（1）根据测序公司对于样品的要求，准备样品。

（2）自行选择 DNA 序列分析软件，对测序结果进行分析和比对。

笔 记

【思考题】

（1）菌种保藏的温度与时间有何关系？

（2）测序结果中若目的基因发生突变，该如何分析和重新设计实验？

（八）重组菌诱导表达产量筛选——SDS-PAGE

【实验目的】

（1）掌握 SDS-PAGE 在蛋白质分子质量、纯度和浓度分析方面的应用。

（2）掌握大肠杆菌重组菌摇瓶发酵的一般方法。

【实验原理】

聚丙烯酰胺凝胶是由丙烯酰胺（Acr）和交联剂甲叉双丙烯酰胺（Bis）在催化剂四甲基乙二胺（TEMED）和过硫酸铵（APS）作用下聚合交联成的具有三维网状结构的凝胶，起到分子筛的作用。蛋白质与 SDS 按比例混合，形成带有大量负电荷的 SDS-蛋白质复合物，掩盖了蛋白质原有电荷量的差别，因此，电泳的迁移率仅取决于分子质量大小。

常用的凝胶系统为不连续系统，制胶时分为下层分离胶和上层浓缩胶。

【实验仪器及材料】

（1）电泳电源，垂直电泳槽，移液枪，微量注射器，25 mL 烧杯 0.5 mL EP 管，台式离心机。

（2）SDS-PAGE 凝胶配制试剂盒。

（3）考马斯亮蓝染色试剂盒。

（4）LB 培养基（g/L）：酵母提取物 5%，胰蛋白胨 10%，氯化钠 10%，pH 7.0。氨苄抗性菌株培养时，使用前加入 100 μg/mL 氨苄青霉素，固体培养基添加 1.5%～2.0% 琼脂，用于大肠杆菌培养。

【实验步骤】

笔 记

1. 重组菌的发酵

（1）种子液制备：将经 PCR 验证的阳性菌落接种于 10 mL LB 培养液中（含氨苄青霉素 100 mg/L），37℃，250 r/min 振摇过夜。

（2）发酵：按 1% 接种量接种至 LB 培养液中（含氨苄青霉素 100 mg/L），37℃，250 r/min 培养 20 h 左右。

（3）菌样制备：取发酵菌液，10 000 r/min 离心 2 min，弃上清。称菌体湿重，每 8.3 mg 菌体湿重加入 300 μL 生理盐水重悬菌体。

2. 蛋白胶制备

按图 6-2 所示过程安装垂直板电泳模具，按第 102 页附录说明配制分离胶和浓缩胶。

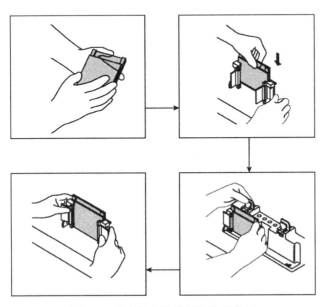

图 6-2　垂直板电泳模具安装示意图

1）分离胶制备　　配制 10 mL 15% 的分离胶：

去离子水	2.4 mL
丙烯酰胺贮液	5 mL
下层胶缓冲液	2.5 mL
10% 过硫酸铵	100 μL
TEMED	4 μL

轻轻晃动混匀，注意不要用移液枪吹打，以免产生气泡。用移液枪吸取分离胶溶液沿玻璃板缓慢加入到模具内，每个 3.5 mL，然后加入 100 μL 饱和异丁醇或去离子水压胶，30~45 min 后，凝胶聚合完成，此时在分离胶和水层之间有胶凝线出现。

注：过硫酸铵尽量现配现用，否则容易导致凝胶不凝固；胶面不平整，如胶两面或中间塌陷，可能为密封不严导致漏胶所致。

2）浓缩胶制备　　倾去分离胶上面的液体，小心用去离子水冲洗胶面，然后用吸水纸吸干。

配制 3 mL 5% 的浓缩胶：

去离子水	1.75 mL
丙烯酰胺贮液	0.5 mL
上层胶缓冲液	0.75 mL
10% 过硫酸铵	30 μL
TEMED	3 μL

轻轻晃动混匀，注意不要用移液枪吹打，以免产生气泡。用移液枪吸取分离胶溶液沿玻璃板缓慢加入到模具内至玻璃板顶端，插入梳子，操作时避免产生气泡，30～45 min 后，凝胶聚合完成。

注：制孔梳两侧密封脱落或松动时，可能导致两侧孔干燥、塌陷，可用凡士林或石蜡密封进行改善。

3. 样品的准备

取上述菌样 20 μL，加入 5 μL 5× 样品缓冲液，盖紧盖子后于沸水浴中加热 10 min，4000 r/min 离心 2 min，上清液用于加样。

4. 加样

垂直将梳子从已聚合的凝胶中取出，按图 6-3 所示安装好电泳槽。在内外槽中加入电泳缓冲液，其中外槽加至液面高于凝胶板底部，内槽加至高于短玻璃板 0.5 cm 左右处。这样，凝胶的上、下两端都浸没在电泳缓冲液中。用微量注射器将样品加入到样品孔中，每孔加 10 μL。未加样的孔中，加入等体积的 1× 样品缓冲液。

5. 电泳

将电极插头和电极相连，红色电极接阳极，黑色电极接阴极。将电压调至 100 V 并保持恒压 20 min 左右使电泳条带到达分离胶和浓缩胶的分界线。将电压调至 200 V 并保持恒压 40 min 左右，当溴酚蓝带迁移至凝胶底部时，停止电泳。

6. 剥胶

从电泳槽中取下装有凝胶的玻璃板，将短玻璃板朝下，用铲子小心将其撬开，然后将凝胶从玻璃板上铲下。整个过程避免用手直接接触凝胶，以免在凝胶上留下手印。

7. 脱色

将取下的凝胶放入考马斯亮蓝染色液中，轻微振荡染色 20 min，回收染色液。用去离子水洗去残留的染色液，

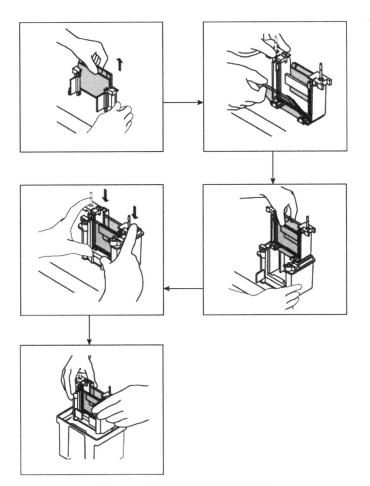

图 6-3　垂直板电泳槽安装示意图

加入脱色液轻微振荡 40 min，倾去脱色液。若背景色依然很深，则重复前面的脱色程序，直至背景色变淡，蛋白条带清晰。

8. 拍照

将凝胶铺在两块透明的塑料片之间，避免有气泡产生，在适当的光线下拍照。计算目的蛋白的分子质量，分析其含量。

【注意事项】

（1）过硫酸铵配制成 10% 溶液后，应当立即使用，或用小管分装于 -20℃ 保存。通常半年内有效。

（2）TEMED 易挥发，且有刺鼻性气味，使用后必须盖紧瓶盖。凝胶凝聚的速度与温度和光照关系密切，可通过适当调节 TEMED 的用量，控制在不同的室内环境下凝胶凝聚的速度。

（3）温度较低时，下层胶缓冲液（4×）和上层胶缓冲液（4×）中的 SDS 可能析出。此时需水浴温育，并在完全溶解和混匀后使用。

（4）TEMED 易燃、有腐蚀性，请注意防护。

（5）为了您的安全和健康，请穿实验服并戴一次性手套操作。

【思考题】

（1）不同浓度的 SDS-PAGE 分离胶的最佳分离范围是什么？

（2）配胶缓冲液系统对电泳的影响有哪些?

（3）凝胶中各主要成分的作用是什么?

附录：SDS-PAGE 凝胶快速配制试剂盒说明书

将凝胶配制所需的缓冲试剂、SDS 等预混合成下层胶缓冲液（4×）和上层胶缓冲液（4×），简化了凝胶配制的步骤。下层胶缓冲液中含 Tris pH8.8 及适量 SDS，上层胶缓冲液中含 Tris pH6.8 及适量 SDS。

1. 包装清单

产品编号	产品名称	包装
P0012AC-1	30% Acr-Bis（29∶1）	100 mL
P0012AC-2	下层胶缓冲液（4×）	70 mL
P0012AC-3	上层胶缓冲液（4×）	30 mL
P0012AC-4	过硫酸铵	0.5 g
P0012AC-5	TEMED	0.5 mL
—	说明书	1 份

2. 保存条件

下层胶缓冲液（4×）、上层胶缓冲液（4×）和过硫酸铵粉末室温保存。30% Acr-Bis（29∶1）和 TEMED 4℃避光保存。

3. 使用说明

（1）根据目的蛋白的分子质量大小选择合适的凝胶浓度，再按照下面的表格配制 SDS-PAGE 的分离胶（即下层胶）。

SDS-PAGE 分离胶浓度	最佳分离范围	SDS-PAGE 分离胶浓度	最佳分离范围
6% 胶	50～150 kDa	12% 胶	12～60 kDa
8% 胶	30～90 kDa	15% 胶	10～40 kDa
10% 胶	20～80 kDa		

（2）下层胶（分离胶）浓度。

成分	配制不同体积 SDS-PAGE 分离胶所需各成分的体积 /mL					
12% 胶	5	10	15	20	30	50
蒸馏水	1.7	3.4	5.1	6.8	10.2	17.0
30%Acr-Bis（29∶1）	2.0	4.0	6.0	8.0	12.0	20.0
下层胶缓冲液（4×）	1.25	2.5	3.75	5.0	7.5	12.5
10% 过硫酸钠	0.05	0.1	0.15	0.2	0.3	0.5
TEMED	0.002	0.004	0.006	0.008	0.012	0.02

成分	配制不同体积 SDS-PAGE 分离胶所需各成分的体积 /mL					
15% 胶	5	10	15	20	30	50
蒸馏水	1.2	2.4	3.6	4.8	7.2	12.0
30%Acr-Bis（29∶1）	2.5	5.0	7.5	10.0	15.0	25.0
下层胶缓冲液（4×）	1.25	2.5	3.75	5.0	7.5	12.5
10% 过硫酸钠	0.05	0.1	0.15	0.2	0.3	0.5
TEMED	0.002	0.004	0.006	0.008	0.012	0.02

（3）上层胶（浓缩胶）浓度。

成分	配制不同体积 SDS-PAGE 浓缩胶所需各成分的体积 /mL					
5% 胶	2	3	4	6	8	10
蒸馏水	1.17	1.75	2.33	3.5	4.7	5.8
30%Acr-Bis（29∶1）	0.33	0.5	0.67	1.0	1.3	1.7
下层胶缓冲液（4×）	0.5	0.75	1	1.5	2	2.5
10% 过硫酸钠	0.02	0.03	0.04	0.06	0.08	0.1
TEMED	0.002	0.003	0.004	0.006	0.008	0.01

实验二　*E.coli* IFN-α2b 工程菌的罐上发酵

（一）工程菌的保藏

【实验目的】

（1）掌握基本的微生物实验操作。

（2）掌握微生物菌种的常规保藏方法。

【实验原理】

微生物在生产和传代的过程中容易发生杂菌污染、自然变异、失活甚至死亡，由此造成的菌种衰退，甚至是优良菌种丢失，将给科研和工业生产带来不可估计的损失。菌种保藏的重要意义在于稳定保持微生物原有性状，如生长性能、产量性能等，确保菌种不退化、不变异、不死亡、不被污染。目前，菌种保藏的方法可分为4类：干燥法、传代法、冷冻法和冷冻干燥法。其原理主要是利用微生物在干燥、低温、真空的环境下，菌株新陈代谢速度慢，生命活动处于半永久性休眠状态，从而达到延长保藏时间、减少变异的目的。常用的保藏方法主要有斜面低温保藏法、甘油管冷冻保藏法、液体石蜡法、沙土管法、硅胶干燥法、滤纸法、麸皮法等。

斜面低温保藏法常用于大多数微生物菌种的短期保藏，如细菌、酵母菌、放线菌和霉菌等，其中酵母菌可保存3个月左右，无芽孢的细菌可保存1个月左右，放线菌、霉菌和有芽孢的细菌一般可保存6个月左右。该法的优点是成本低、操作简易，且存活率高；缺点是保藏期短，传代次数多，菌种易发生变异和污染，故常用于保藏使用频率较高的菌种。

甘油管冷冻保藏法是以甘油为保护剂，甘油进入细胞后降低细胞的脱水作用，在超低温环境（-70℃）下大大降低细胞的代谢水平。该方法适用于菌种的中长期保藏，一般保藏时间可达到2~4年。

【实验仪器及材料】

1. 实验仪器

超净工作台，接种环，酒精灯，摇床，试管，EP管，冻干管，移液枪。

2. 实验材料

LB培养基，冻存和平板保存的 *E.coli* IFN-α2b。

【实验步骤】

笔　记

1. 菌种活化

（1）取5 mL LB培养基加入到一支无菌的18 mm试管中，同时加入5 μL 100 mg/mL的Amp。

（2）取成功构建的基因工程菌平板，用接种环刮取单菌落，浸没于培养基中并划动接种环，使工程菌分散于培养液中。

（3）盖好试管，在摇床上以220 r/min、37℃培养至对数中期（约5 h）。

（4）革兰氏染色查看菌种状态及是否染杂。

2. 斜面低温保藏法

（1）试管斜面的制备：配制 LB 固体培养基，倒入 18 mm 试管，每管约 5 mL，以斜面长度不超过试管长度 2/3 为限，管口加棉塞或硅胶塞，121℃灭菌 15 min，灭菌结束后立即摇匀，一定角度摆放至斜面凝固，置于 37℃恒温培养箱空培养过夜。

（2）取接种环，挑取一环活化好的菌液，接种在 LB 斜面培养基上，37℃恒温培养至菌苔较厚，置于冰箱冷藏（4~8℃），需每月重新活化保藏。冷藏前，用无菌橡皮塞代替棉塞，再用石蜡封口，能起到防止水分挥发、隔氧、减少污染的作用，进而使菌种的保藏期延长。

3. 甘油管冷冻保藏法

取一支 2 mL 的无菌冻干管，分别加入 500 μL 培养液和 500 μL 40% 的甘油，混匀后保存于超低温冰箱。甘油终浓度保持在 15%~30%，添加比例可自行调整。

【注意事项】

（1）试管斜面菌种可以直接使用，甘油管保藏的菌种使用前必须活化。

（2）甘油管甘油浓度过高不容易冻上，且容易造成质粒丢失，因此应根据菌种特性调整甘油浓度。

（3）甘油管保藏时，甘油终浓度保持在 15%~30%，添加比例可根据菌体浓度自行调整。

【思考题】

（1）菌种保藏中添加甘油的作用是什么？一般的添加浓度是多少？

（2）甘油管保藏的使用范围是什么？基因工程菌保藏时需要注意什么？

（二）大肠杆菌工程菌的自动罐上发酵

【实验目的】

（1）掌握基本的工程菌在发酵罐上的生长规律。

（2）掌握工程菌发酵工艺控制。

（3）熟悉发酵设备及其相应的控制系统。

（4）掌握 SDS-PAGE 监测重组蛋白表达。

【实验原理】

微生物发酵是以微生物为细胞工厂，将原料经过特定的代谢途径转化为人类所需要的产物的过程。根据需氧情况，可将发酵分为好氧发酵和厌氧发酵。厌氧发酵是指不通氧的深层发酵；好氧发酵有通氧深层发酵、液体表面发酵、在多孔培养基表面发酵等。无论好氧或厌氧发酵，均可通过液体深层培养来实现，这种培养在具有一定径高比的圆柱形发酵罐内完成，按操作方式不同可分为以下几种。

（1）分批式操作：在适宜条件下，将底物一次投入发酵罐内，接种微生物进行发酵，经过一定时间后，将发酵液全部取出。

（2）半分批式操作：也称流加式发酵，是指先将一定量底物投入罐内，接种微生物开始发酵。发酵过程中，将特定的补料培养基或限制性底物等以缓慢流加或一次性加入的方式投入发酵罐，反应终止将发酵液全部取出。

（3）反复分批式操作：也称套牢接种发酵，分批操作完成后取出部分发酵液，剩余部分加入新鲜培养基或底物，再按分批式操作进行。

（4）反复半分批式操作：半分批式操作完成后，取出部分发酵液，剩余部分重新加入新鲜培养基或底物，再按半分批式操作进行。

（5）连续式操作：发酵开始后，以一定的速率把底物连续地供给到发酵罐中，同时以相同的速率将发酵液连续不断地取出，使整个反应体系处于稳定状态，反应条件不随时间变化而变化。

本实验采用单罐深层分批发酵法（batch fermentation），发酵过程经历接种、微生物生长繁殖、产物生成、菌体衰亡、结束发酵、取出产物一系列过程。这一过程受菌体本身特性、培养基组成和培养条件的影响，只有正确认识和掌握这一系列变化过程及其影响因素，才能更好地控制发酵过程，为生产服务。

分批培养过程中，微生物生长经历延滞期、对数生长期、稳定期和衰亡期四个阶段。研究微生物的代谢和遗传特性通常采用生长最旺盛的对数期细胞。发酵工业生产中，采用对数期细胞作为种子，接种到发酵培养基，可缩短延滞期，从而在短时间内获得大量生长旺盛的菌体，有利于缩短整个生产周期。

本实验以基因工程菌 *E.coli* IFN-α2b 为生产菌株，在 7.5 L 全自动不锈钢发酵罐中发酵培养 16～20 h，得到胞内表达重组人干扰素 α2b。

【实验仪器及材料】

1. 实验仪器

天平，pH 计，磁力搅拌器，灭菌锅，超净工作台，500 mL 烧杯 ×2，500 mL 量筒 ×2，250 mL 三角瓶 ×5，EP 管等。

2. 实验材料

胰蛋白胨、酵母提取物、NaCl、NaOH、$MgCl_2$、NH_4Cl 等。

3. 培养基配方

（1）LB 种子培养基：胰蛋白胨 1%，酵母提取物 0.5%，NaCl 1%，调 pH7.0，固体培养基需加 2% 的琼脂粉，使用前加 AMP 母液 1 mL/L 使 AMP 终浓度为 100 μg/mL。

（2）发酵培养基：胰蛋白胨 1%，酵母提取物 3%，KH_2PO_4 0.1%，K_2HPO_4·$3H_2O$ 0.5%，NH_4Cl 0.1%，K_2SO_4 0.26%，灭菌后加入无菌的 TES（金属离子液）10 mL/L，$MgCl_2$ 母液 10 mL/L，氨苄青霉素（Amp）母液 1 mL/L。

（3）TES 溶液：已配制。

（4）$MgCl_2$ 母液：40 g/L。

（5）TE 7.5：0.1 mol/L Tris，0.05 mol/L EDTA，调 pH 7.5。

（6）Amp 母液（已配制）：100 mg/mL，用 0.22 μm 微孔滤膜过滤除菌，分装于 1.5 mL EP 管中，冻于 −20℃备用。

【实验步骤】

1. 培养基及相关试剂配制

（1）LB 种子培养基：40 mL/250 mL 三角瓶，2 瓶，8 层纱布包扎灭菌。

（2）200 mL 30% 磷酸、200 mL 2 mol/L NaOH、100 mL 20% 消泡剂盛于流加瓶中，包好灭菌。

（3）200 μL、1 mL 枪头装好，报纸包扎，置于灭菌锅中灭菌。

（4）配制发酵培养基 4 L：称取胰蛋白胨 40 g，酵母提取物 120 g，KH_2PO_4 4 g，K_2HPO_4·$3H_2O$ 20.8 g，NH_4Cl 4 g，K_2SO_4 10.4 g，加去离子水搅拌溶解后，用去离子水定容至 4 L，加入 2 mL 消泡剂，倒入发酵罐。灭菌后加入 40 mL TES、40 mL $MgCl_2$ 母液、4 mL Amp 母液。

2. 种子制备

（1）取 40 mL LB/250 mL 三角瓶，加入 40 μL 100 mg/mL 的 Amp 母液。

（2）超净工作台中，用接种环从斜面保存的菌种划取一环菌，浸没于培养基中并划动接种环，使工程菌分散于培养液中。

（3）包好纱布，在摇床上以 220 r/min、37℃培养至对数中期（8～10 h）。

3. 发酵操作

1）上罐装备

（1）先后开发酵罐电源、蒸汽发生器，然后开空压机，使储罐压力为 0.6 MPa 以上。

（2）清洗发酵罐。

笔　记

2）电极校正

（1）准备 pH4.0 和 pH7.0 的电极校准液，使其溶液温度在 25℃左右。

（2）打开主界面→系统设置→参数校正→选 pH，进入校正界面。

（3）第一点即零点校正：取出电极，与罐上 pH 电极线（细）连接，用水冲洗电极，轻轻擦干，插入 pH7.0 的校准液中；输入 pH7.0→待读数稳定后确定。

（4）第二点即斜率校正：将电极取出用水冲洗，擦干，插入 pH4.0 的校准液中→输入 pH4.0，待读数稳定后确定。

（5）回复标定：将电极用水冲洗，擦干，置于 pH7.0 的校正液中验证；如读数偏差较大，可重复进行上述校正。校准后取下电极，装入电极保护套中，插入发酵罐，连接电极线。如 pH 电极为第一次使用，需用内置小刀，将电极前端橡胶封口去掉，电极不使用时保存在饱和氯化钾中。

3）溶氧（DO）电极校正

（1）打开主界面→系统设置→参数校正→选 DO，进入校正界面。

（2）第一点即零点校正：将溶氧电极线置于空气中，输入校正值"0"，待读数稳定后确定；也可用饱和亚硫酸钠作为标准液进行零点校正。

（3）第二点即斜率校正：上罐接种后进行。如 DO 电极为第一次使用，需添加电极电解液，使用过程中电解液消耗导致检测精度不够，需更换电解液。

4）系统气密性检验

（1）将 pH 和 DO 电极装上电极套，装至相应的电极孔中，将接种孔、补料孔等密封，关闭尾气阀门。

（2）打开进气阀通空气，使罐内正压，关闭进气阀，看罐内压是否下降，几分钟不下降即可。若漏气，可用肥皂水检验何处漏气，排除罐内空气，卸下重拧。

5）在位灭菌

（1）打开接种口，倒入配制好的培养基，安装补料接口。

（2）打开蒸汽泵总阀，打开主界面→系统设置→灭菌（可按要求设置灭菌条件）→开启→自动，灭菌程序如下：第一阶段，蒸汽进夹套对培养液进行加热；第二阶段，温度达到90℃时，开冷凝水阀，用于排空气过滤器处的冷凝水，并达到将其灭菌的效果；第三阶段，温度达到102℃，蒸汽从罐底进入培养基；第四阶段，温度达到灭菌温度，进入保温阶段，此时排气阀会自动开，超过设定压力就会自动排气；第五阶段，灭菌结束，降温。

注意事项：灭菌过程中罐体高温，且有蒸汽从尾气管排出，小心烫伤。

6）补料连接　将灭好菌的酸液、碱液、消泡剂流加瓶连接至补料孔。

7）接种　在接种环上塞上棉花，滴加酒精，置于接种口，将接种口的螺帽略微拧松，点火，倒入种子液和 Amp 母液（可在超净工作台上预混），迅速拧上螺帽，熄火，确认螺帽已拧紧。

8）开始发酵　在主界面按要求设置发酵参数，如温度、pH、DO、转速，将 pH 与酸碱关联，运行→自动（控制 pH 7.2，温度 37℃，转速 600 r/min、通气量 4.5 L/min）。

9）取样操作　准备小烧杯，取 0 h 样，先开最下面中间阀门（往上拧），再开左侧阀门，取样后先关闭左侧阀门，再关闭中间阀门。如发酵时间较长，取样可能造成染菌，此时取样后需对取样管路进行蒸汽灭菌，操作如下：取样后先关闭中间阀门，待液体不再流出后，打开右侧阀门蒸汽灭菌管路，数秒后关闭右侧蒸汽阀门，最后关闭左侧阀门。

10）电极在线校正

（1）取 0 h 的样，pH 计检测其 pH，与在线检测值进行比较，如有偏差，需在计算机上进行相应校正。

（2）所有参数设置完成，运行 10 min 左右后，进行溶氧电极的斜率校正，打开校正界面，第二点校正为 100%。

11）从接种完成时刻起，每 2 h 取适当量样品，按下述操作

（1）取 1 mL 菌液用于测菌体浓度（$A_{600\,nm}$），稀释菌液使其读数控制在 0.2～0.8，以去离子水作为空白对照（此处菌液一定要摇匀后再测，以防菌体自由沉降）。

（2）取 1 mL 菌液加入到已称过重的 EP 管中，12 000 r/min 离心 1 min，甩干后再次称重（此处一定要甩干，以滤纸或卷纸吸干水分），计算菌体湿重，按每 8.3 mg 菌体湿重加入 300 μL 水重悬菌体，冻于 −20℃，作为蛋白质电泳样品备用。

（3）取 1.5 mL 菌液于 EP 管中，冻存于 −20℃ 备用。

（4）每 2 h 记录发酵罐上 DO、pH、温度等参数，以确保参数正常，填写下表。

时间	稀释倍数（n）	$A_{600\,nm}$	总吸光度（$n*A_{600\,nm}$）	菌体湿重	DO	pH	温度
0 h							
2 h							
4 h							
6 h							
8 h							
10 h							
12 h							
14 h							
16 h							
18 h							
20 h							

12）发酵结束后的下罐操作

（1）在屏幕上点击停止发酵→打开取样口收液，若流速较慢可打开手动进气，加快液体流出，收液结束后关闭手动空气，关闭取样口阀门。

（2）取出电极，清洗、收好，pH 电极必须存放在饱和 KCl 中。

（3）洗罐：拧开罐体螺帽及蒸汽的管路，按上升键使罐体上升→用自来水和刷子清洗罐体→按下降键使罐体下降，拧回螺帽，在接种口加入自来水，加满→打开转速，搅拌数分钟→停止搅拌，放出管内液体→换纯水重复上述操作一次。

13）发酵终点判断和发酵液预处理 连续三次 $A_{600\,nm}$ 不增加，结束发酵，收集发酵液，8000 r/min 离心

10 min，回收菌体，清洗发酵罐。

用 1.2 L 去离子水重悬菌体，8000 r/min 离心 10 min，弃上清，再用 500 mL TE7.5 重悬菌体，8000 r/min 离心 10 min，弃上清，得到菌体的菌体称重后于 −20℃ 保存。

14）电泳检测发酵过程中蛋白质合成情况　取上述存放于 −20℃ 的蛋白质电泳样品 20 μL，加入 5 μL 5× 样品缓冲液，盖紧盖子后于沸水浴中加热 10 min，4000 r/min 离心 2 min，上清用于 SDS-PAGE 电泳。

【注意事项】

（1）发酵培养基所称药品量大，必须将所有药品溶化后再定容。

（2）发酵培养基中 TES 和 MgCl$_2$ 母液装于三角瓶中，单独灭菌。

（3）流加瓶灭菌时要将瓶口拧松，以免瓶内压力升高造成液体顺流加管路喷出。

（4）发酵过程中如遇紧急情况，可按紧急制停按钮。

（5）添加消泡剂的时间和方式：细小的泡沫密集到罐顶，缓慢添加 3～5 滴，添加后观察 1 min，如泡沫未消，继续添加 3～5 滴。大泡沫到灌顶自动消除的，不用加消泡剂。

（6）pH 控制异常：观察泵是否正常工作、管路是否脱离蠕动泵，或管路松动导致酸碱无法进罐。

（7）染菌的判断：接种前确保发酵液透明清亮，无浑浊现象；发酵过程正常，镜检为杆状微生物，无杂菌。

【思考题】

（1）TES、MgCl$_2$ 为什么要单独灭菌？ AMP 为什么要过滤除菌？

（2）微生物生长分为哪几个阶段？

（3）分析发酵过程中溶氧变化规律及变化原因。

（4）如果发酵过程染菌，分析可能存在的原因及应对措施。

实验三　大肠杆菌表达的重组人干扰素 α2b 蛋白质纯化

1. 目标蛋白特性

重组人干扰素 α2b（IFN-α2b）：基因工程菌胞内表达产物，形成包涵体。

分子质量：18 kDa。

等电点（pI）：6 左右。

2. 根据目标蛋白特性设计的总工艺路线

目标蛋白分离纯化的总工艺路线如图 6-4 所示。

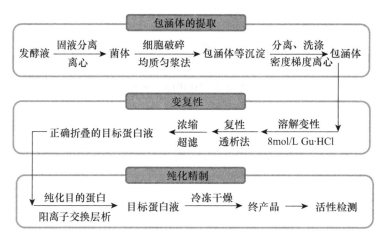

图 6-4 目标蛋白分离纯化的总工艺路线

（一）包涵体的提取

【实验目的】

（1）掌握细胞分离和破碎的方法。

（2）掌握包涵体的提取方法。

【实验原理】

微生物表达的蛋白质在细胞内凝集，形成无活性的固体颗粒，称为包涵体。包涵体一般含有 50% 以上的重组蛋白，其余为核糖体元件、RNA 聚合酶、内毒素、外膜蛋白、质粒 DNA、脂体、脂多糖等杂质，直径为 0.5～1 μm，具有很高的密度（约 1.3 mg/mL），无定形，不溶于水，只溶于尿素、盐酸胍等蛋白变性剂。

包涵体提取的步骤如下：

发酵液 $\xrightarrow[\text{离心}]{\text{固液分离}}$ 菌体 $\xrightarrow[\text{均质匀浆法}]{\text{细胞破碎}}$ 包涵体等沉淀 $\xrightarrow[\text{密度梯度离心}]{\text{分离、洗涤}}$ 包涵体

固液分离，即将微生物菌体从发酵液中分离出来，常用方法为离心和过滤。

细胞破碎是指利用外力破坏细胞膜和细胞壁，使细胞内物质（包括目标产物）释放出来的技术。不同种类的细胞结构差别很大，破碎的难易程度也不同，由难到易的大致排列顺序为：植物细胞＞真菌（如酵母菌）＞革兰氏阳性细菌＞

革兰氏阴性细菌＞动物细胞。

本实验采用高压均质的方法破碎细胞，其原理为：利用高压使细胞悬液从阀座与阀之间的环隙高速喷出后撞击到碰撞环上，细胞在受到高速撞击作用后，急剧释放到低压环境，从而在撞击力和剪切力等综合作用下破裂。

本实验采用密度梯度离心的方法分离包涵体，其原理为：大分子或颗粒的沉降不仅取决于它的大小，也取决于它的密度。颗粒在具有密度梯度的介质中离心时，按各自的沉降系数以一定速率沉降，在密度梯度不同的区域上形成区带，使破碎的细胞分层、分离。常用的介质为氯化铯、蔗糖和甘油等。

【实验仪器及材料】

（1）冷冻离心机、水浴锅、超声破碎仪。

（2）菌体、蔗糖、Tris、HCl、盐酸胍、Triton X-100、β-巯基乙醇、NaCl、EDTA-2Na。

（3）TE（1 L）：0.1 mol/L Tris，0.05 mol/L EDTA，pH8.5。

（4）洗涤液（500 mL）：50 mmol/L Tris，10 mmol/L EDTA，100 mmol/L NaCl，0.5% Triton X-100，2 mmol/L β-巯基乙醇，2 mol/L 盐酸胍，用 HCl 和 NaOH 调 pH 至 8.0。

【实验步骤】

1. 菌体裂解

对菌体称重，记录质量。按每 10 g 菌体加入 50 mL TE 制成菌悬液，加入 10 mg 溶菌酶，37℃恒温水浴 1 h；冷却至 4℃，以均质机进行菌体破碎，工作压力 800～1000 bar（1 bar＝100 kPa），处理 2 次，镜检无完整细胞（留样① 1 mL 为全细胞蛋白）。

笔 记

2. 包涵体的提取与净化

（1）破碎后的菌体搅匀后加入蔗糖至质量分数30%（m/V），于 4℃，10 000 g 离心 10 min，弃上清液。

（2）加入适当体积的洗涤缓冲液重悬沉淀，并将所有沉淀合至 1～2 个离心瓶中，于 4℃，10 000 g 离心 10 min，重复 2 次。

（3）加入适当体积的 TE 洗涤沉淀，于 4℃，10 000 g 离心 15 min，弃上清液。重复 2 次。

（4）将收集的包涵体称重，记录质量。

3. 计算包涵体的得率

$$包涵体得率 = \frac{包涵体湿重}{菌体湿重} \times 100\%$$

【注意事项】

蔗糖加入量比较大，注意总体积的变化。

【思考题】

（1）包涵体形成的主要原因有哪些？

（2）列举细胞破碎的几种方法及其适用范围。

（二）重组人干扰素 α2b 的变复性

【实验目的】

掌握常用重组蛋白的变性和复性方法。

【实验原理】

$$包涵体 \xrightarrow[\text{8 mol/L Gu·HCl}]{\text{溶解变性}} \xrightarrow[\text{透析法}]{\text{复性}} \xrightarrow[\text{超滤}]{\text{浓缩}} 正常折叠的目标蛋白液$$

包涵体的溶解变性：利用变性剂打断包涵体蛋白质分子内和分子间的各种化学键，使多肽伸展。对于含有半胱氨酸的蛋白质，分离的包涵体中通常含有一些链间或链内的二硫键，在变性时需要用还原剂将二硫键打断。常用变性剂有尿素（urea）、盐酸胍（Gu·HCl）、SDS；常用还原剂有二硫苏糖醇（DTT），2-巯基乙醇（2-ME）、还原型谷胱甘肽（GSH）。

复性：通过缓慢去除变性剂使目标蛋白从变性的完全伸展状态恢复到正常的折叠结构。常用的复性方法有透析复性法、稀释复性法、超滤复性法、柱上复性法。

【实验仪器及材料】

（1）透析袋（截留分子质量 14 400 Da）、磁力搅拌器。

（2）NaCl、CH_3COONH_4、乙酸。

（3）变性液：8 mol/L Gu·HCl（试剂量很大，定容时请考虑试剂体积），0.1 mol/L Tris，0.05 mol/L EDTA，pH7.5。

（4）透析液 TE：0.1 mol/L Tris-HCl，0.05 mol/L EDTA-2Na，pH7.5。

（5）超滤系统、水浴锅、烧杯、容量瓶等。

【实验步骤】

笔 记

1. 透析袋的处理

（1）剪取适当长度的透析袋，放入大体积的 2%（m/V）Na_2CO_3 和 1 mol/L EDTA（pH8.0）中煮沸 10 min。

（2）用去离子水彻底清洗后，放入 1 mol/L EDTA（pH8.0）中煮沸 10 min。

（3）冷却后存放于 4℃；使用时，戴手套取出透析袋，用去离子水清洗干净。

2. 包涵体溶解及复性

（1）将上一步实验中得到的包涵体用 TE 配制成 0.5 g 包涵体 /mL 悬液。

（2）用滴管将包涵体滴加到 9 倍体积变性液中，边滴加边搅拌，待包涵体全部溶解后，将 4 倍体积的 TE 缓冲液缓慢加入至包涵体变性液中，边加边搅拌，可用磁力搅拌器（留样② 1 mL 即为包涵体蛋白，量筒量变性液总体积）。

（3）将上面得到的溶液灌入透析袋中（如有不溶物质，则先由滤纸过滤），浸入超过 4 倍体积的预冷至 4℃的 TE 缓冲液中进行透析，每 3 h 换一次 TE，换 3 次。

（4）取出透析袋中的混合物，量筒量其体积，取 1 mL（含絮状沉淀），10 000 r/min 离心 2 min，上清转移至另一 EP 管，沉淀为未复性完全的蛋白留样③；上清液为复性好的蛋白留样④，−20℃保存。

（5）上述悬浮液用乙酸调 pH 至 4.0，4℃冰箱过夜。

3. 检测

（1）测定各步骤样品总体积，测定留样②和④的 280 nm 和 260 nm 处的吸光度，计算蛋白浓度和蛋白总量：

$$蛋白浓度 = 1.45 A_{280\,nm} - 0.7 A_{260\,nm}；$$
$$蛋白总量 = 蛋白浓度 \times 体积$$

（2）计算各步骤总蛋白的回收率：

$$回收率 = \frac{步骤后总蛋白}{步骤前总蛋白} \times 100\%$$

【注意事项】

包涵体必须完全溶解，部分未溶解的团块状物质可能为未裂解的细胞，可用滤纸或纱布过滤。

【思考题】

（1）列举包涵体复性的几种方法及应用优缺点。

（2）列举常用的蛋白质变性剂及其原理。

（三）离子交换层析

【实验目的】

（1）了解离子交换层析的一般过程。

（2）掌握层析仪器的结构与使用方法。

【实验原理】

利用离子交换树脂作为吸附剂（固定相），将溶液中的待分离组分，依据其电荷差异，依靠库仑力吸附在树脂上，然后利用合适的洗脱剂（流动相）将待分离组分从树脂上洗脱下来，达到分离的目的。

按活性基团不同，离子交换层析可分为含碱性基团的阴离子交换树脂（anion exchange）和含酸性基团的阳离子交换树脂（cation exchange）。具体又可以分为：强阳、弱阳、强阴、弱阴。

离子交换的一般过程如下。

（1）平衡：离子交换剂（固定相）与反离子（流动相）结合；

（2）吸附：样品与反离子进行交换，从而吸附在离子交换树脂上；

（3）解吸附（洗脱）：用缓冲溶液从低浓度到高浓度进行梯度洗脱，吸附在树脂上的物质根据吸附强度，从弱到强依次洗脱；

（4）清洗：用高盐浓度的洗脱液（通常为 1 mol/L NaCl）去除结合较强的物质；

（5）再生：可用 1 mol/L NaOH 进行充分洗涤以彻底去除杂质，填料可重复使用。

SP Sepharose Fast Flow 为强阳离子交换树脂：树脂带负电荷，吸附阳离子，与阳离子交换。

【实验器材】

1. 仪器

离子交换色谱柱，恒流泵，核酸蛋白检测仪，自动部分收集器，记录仪，铁架台，自由夹，磁力搅拌器，烧杯，玻璃棒，容量瓶等。

2. 材料

上一步实验收集到的样品，SP Sepharose Fast Flow 等。

3. 试剂配制

（1）缓冲液，乙酸调 pH，各 500 mL（前一天配制）。

缓冲液 A：25 mmol/L CH_3COONH_4，100 mmol/L NaCl，pH4.5；

缓冲液 B：25 mmol/L CH_3COONH_4，150 mmol/L NaCl，pH4.5；

缓冲液 C：25 mmol/L CH_3COONH_4，400 mmol/L NaCl，pH4.5。

（2）2 mol/L NaCl 50 mL。

（3）1 mol/L NaOH 50 mL。

（4）保存缓冲液（100 mL）：20% 乙醇，0.2 mol/L NaCl。

【实验步骤】

1. 样品预处理

酸沉淀样品经滤纸过滤、0.45 μm 滤膜过滤，收集滤过液。

2. 开机准备

打开蛋白纯化系统，自检，排系统空气。

3. 装柱

（1）准备空柱：用20% 乙醇溶液排除筛网气泡，将空柱各个部件组装完毕，检查气密性，垂直固定。

（2）准备填料：取专用的抽滤装置，将填料从保存缓冲液置换至装柱缓冲液（通常为去离子水），匀浆浓度为50%～75%。

（3）倒胶：打开层析柱上盖，保持层析柱垂直，用玻璃棒轻轻搅动填料（注意动作要温和，不可摩擦杯壁，以免填料受机械力导致破碎），快速、温和地将填料倒入层析柱，避免产生气泡。

（4）压胶：装上层析柱上盖，连接恒流泵，以 2 mL/min 左右的流速流加装柱缓冲液，至柱子压力基本稳定。

（5）下柱头：旋下柱塞杆至胶面。

4. 平衡

调节泵流速至 40 cm/h，用缓冲液 A 平衡 3 个柱体积（1 个柱体积为 20 mL 左右，基线基本走平即可）。调零。

5. 上样吸附

从上样泵上样。

6. 梯度洗脱

洗脱顺序为：2～3 个柱体积缓冲液 A→B→C，出峰图如后图所示。

注：①图谱上突然出现的一个直线峰，可能为管路中气泡经检测池所致，应观察管路中或凝胶中是否进入气泡，检查管路是否有渗漏，以及层析柱的密封性等；②柱子装的好坏直接影响峰形，凝胶太紧，峰前延，凝胶太松则峰拖尾，不均匀会导致多峰。

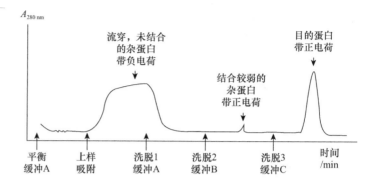

7. 清洗

用 2～3 个柱体积 1 mol/L NaCl 去除结合较强的物质，然后用 5 个柱体积平衡缓冲液进行再平衡。

8. 再生

以 40 cm/h 的流速流加 2 倍柱体积的 0.1 mol/L NaOH 溶液洗涤柱子，浸泡 30 min。以 40 cm/h 的流速，用水洗柱子至中性。后用保存缓冲液，洗 2 倍柱体积。拆下 Sepharose 填料，加入等体积的保存缓冲液，保存。

注：装好的柱子，如需长期使用，可直接连同柱子于 4℃保存；使用过程中出现柱子进气泡、柱效降低等情况，应重装柱子。

9. 检测

（1）合并含有目的蛋白的各管，测量总体积，测定 280 nm 和 260 nm 处的吸光度，计算蛋白浓度和蛋白总量。

$$蛋白浓度 = 1.45 A_{280\,nm} - 0.7 A_{260\,nm}$$

$$蛋白总量 = 蛋白浓度 \times 体积$$

（2）计算离子交换总蛋白的回收率

$$回收率 = \frac{上柱后总蛋白}{上柱前总蛋白} \times 100\%$$

【注意事项】

（1）装好的填料及整个系统管路不能有气泡，否则影响柱效。

（2）必须做好层析柱的再生，否则直接影响填料的寿命。

【思考题】

（1）简述蛋白层析的种类及其原理。

（2）简述离子交换层析的一般过程。

（3）为何要对填料进行再生？简述填料再生的一般方法。

本章参考文献

房海. 1997. 大肠埃希氏菌. 石家庄：河北科学技术出版社：486.

郭万柱，刘亚刚，娄高明，等. 2003. 兽医病毒学. 成都：四川科学技术出版社：81-88.

霍清. 2016. 制药工艺学（第 2 版）. 北京：化学工业出版社：200.

金坚，许正宏，邱丽颖. 2010. 制药工程实验教程. 北京：人民卫生出版社：306.

李成媛，张晶晶，钱凯，等. 2016. 人血清白蛋白 - 干扰素 α2b 融合蛋白在 CHO 细胞中的表达. 中国生物工程杂志，36（7）：7-14.

闵贤，黄祖瑚，许家璋，等. 2000. 干扰素 α2b 和病毒唑联合治疗慢性丙型肝炎的疗效观察. 南京医科大学学报，20（2）：104.

祁浩，刘新利. 2016. 大肠杆菌表达系统和酵母表达系统的研究进展，安徽农业科学，44（17）：4-6.

谭宇蕙. 2016. 生物化学与分子生物学实验指导. 广州：中山大学出版社：149.

田硕，徐晨，姚文兵. 2010. 长效干扰素研究进展. 中国生物工程杂志，30（5）：122-127.

吴玉厚，吴冰洁，周国利，等. 2007. 干扰素研究进展. 生物学教学，32（7）：2-4.

朱江. 2014. 固定化大肠杆菌细胞在连续搅拌罐反应器与活塞流反应器内连续生产 L-天门冬氨酸的比较研究. 北京：中国农业大学出版社：201.

第七章 毕赤酵母表达系统制备人血清白蛋白和干扰素 α2b 融合蛋白

从 1986 年美国 FDA 批准原核生物大肠杆菌表达的重组人干扰素 α2b 上市以来，主要工业国家，包括中国均先后批准了该产品上市。经过 30 多年的临床应用，重组人干扰素 α2b 治疗病毒性肝炎等病毒性感染，以及肿瘤的疗效已被肯定，说明对于结构简单且其功能与糖基化无关的干扰素 α2b，采用成熟的大肠杆菌表达系统生产，在产品质量和生产成本方面均有优势。

从重组人干扰素 α2b 临床治疗适应证的治疗效果和患者依从性看，大肠杆菌表达的重组人干扰素 α2b 有其局限性，主要包括：重组人干扰素 α2b 稳定性差，体内半衰期过短，难以达到有效治疗的稳态血药浓度，而且给药频繁。重组人干扰素 α2b 的主要适应证是慢性病毒性肝炎，临床处方以长期注射给药（多数要注射给药 10 个月以上）为主，患者的依从性低。所以，设计和制备长效重组人干扰素 α2b 十分必要。目前，聚乙二醇化和重组人白蛋白融合干扰素 α2b 已先后被 FDA、CFDA 批准上市，临床应用反映良好，已占有重组人干扰素 α2b 药物市场的 70% 以上。

由于重组人白蛋白融合干扰素 α2b 的分子质量超过 85 kDa，氨基酸残基达到 745 个以上，结构体系比较复杂，原核生物大肠杆菌表达无法满足其生物制备。选择毕赤酵母（*Pichia pastoris*）表达系统既能表达高活性比的重组人白蛋白融合干扰素 α2b，又因为毕赤酵母是分泌表达，纯化方案比胞内表达的大肠杆菌简单，且不需复性。以重组人干扰素 α2b 毕赤酵母表达载体为基本实验材料，生物制药模块的综合实验内容主要包括通过毕赤酵母表达系统的构建、重组白蛋白融合人干扰素 α2b 的制备，以及建立注射剂型。整个实验流程包含了生物技术药物研发阶段的相关实验内容及生产工艺过程，涉及的实验模块包括分子生物学实验、毕赤酵母培养与发酵工艺、蛋白质的分离纯化工艺、药物制剂工艺等。通过该系统的学习，使学生理解生物药物基本的生产工艺流程，并掌握相关的方法学，有利于提高学生的综合实验技能，为培养学生的实践创新能力打下基础。

实验一　工程菌毕赤酵母 GS115-HSA-IFN-α2b 的制备

（一）重组质粒 pPIC9K-HSA-IFN-α2b 的构建

【实验目的】

（1）了解质粒 pPIC9K 及其在酵母中的表达原理。

（2）熟悉质粒提取、PCR 等分子操作。

【实验原理】

pPIC9K 载体是大肠杆菌和酵母的穿梭质粒，能在毕赤酵母宿主菌 KM71 和 GS115 中融合表达目的基因。该质粒含卡那抗性基因，可利用该抗性在酵母体内筛选多克隆拷贝。pPIC9K 载体图谱如图 7-1 所示。

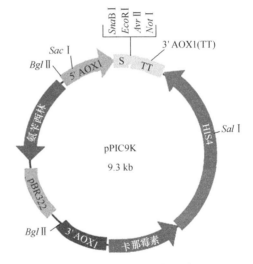

图 7-1　pPIC9K 载体图谱

（1）pPIC9K 载体大小为 9.3 kb，是融合表达载体。

（2）载体构建过程中，有 4 个单一限制性内切核酸酶（限制酶）酶切位点可供使用，包括 SnaB I、EcoR I、Avr II、Not I。

（3）该载体可利用 alpha 因子分泌信号肽，实现目标蛋白的分泌表达。

（4）构建过程中，必须保证目的基因与信号肽的起始密码子的读码框一致。

（5）毕赤酵母中利用 HIS4 进行筛选。

（6）使用 Sac I 限制酶酶切质粒，可将目的基因插入 GS115 或 KM71 的 AOX 区，GS115 中产生 His$^+$Mut$^+$基因型，KM71 中产生 His$^+$ Mut^S 基因型。

（7）使用 Sal I 或 Stu I 限制酶酶切质粒，可将目的基因插入 GS115 或 KM71 的 HIS4 区，GS115 中产生 His$^+$ Mut$^+$基因型，KM71 中产生 His$^+$ Mut^S 基因型。

（8）使用 Bgl II 限制酶酶切质粒，可将目的基因插入 GS115 的 AOX1 区域，产生 His$^+$Mut^S 基因型。

【实验仪器及材料】

1. 实验仪器

水浴锅，凝胶成像仪，制冰机，电泳仪，灭菌锅等。

2. 实验材料

TaKaRa 质粒提取试剂盒，限制酶，工程菌 *E.coli* JM109（pPIC9K）等。

【实验步骤】

（1）质粒 pMD19T-HSA-IFN-α2b 的构建与验证方法参见第 82～103 页第六章实验一。

（2）提取质粒 pPIC9K 和 pMD19T-HSA-IFN-α2b。

（3）用限制酶 *Eco*R Ⅰ 和 *Not* Ⅰ 双酶切重组质粒 pMD19T-HSA-IFN-α2b 和克隆载体 pPIC9K。反应体系和反应条件如下。

在 20 μL 反应体系中加入：

无菌 ddH₂O	7.6 μL
10× 缓冲液 O	2 μL
pMD19T- HSA-IFN-α2b 或 pPIC9K	10 μL
*Eco*R Ⅰ（10 U/μL）	0.2 μL
Not Ⅰ（10 U/μL）	0.2 μL

混合反应体系，置于 37℃恒温反应 4 h 后，65℃灭酶 20 min。

（4）琼脂糖凝胶电泳，割胶回收并纯化经 *Eco*R Ⅰ 和 *Not* Ⅰ 双酶切的融合基因片段和克隆载体 pPIC9K 片段。具体方法参见第 92～94 第六章实验一（五）的相关内容。

（5）用 T4 连接酶连接融合基因片段与质粒 pPIC9K 片段。

在 20 μL 反应体系中加入：

无菌 ddH₂O	4 μL
线性化 pPIC9K	1 μL
HSA-IFN-α2b 基因	9 μL
10×T4 连接酶缓冲液	2 μL
T4 连接酶	4 μL

混合反应体系，置于 16℃恒温反应过夜，65℃灭活 20 min。

（6）连接所得产物转化至 *E.coli* JM109 感受态细胞，涂布于 LB 抗性平板（含 100 μg/mL 氨苄青霉素），于

笔 记

37℃恒温培养 12～16 h 至长出单菌落。具体方法参见第
85～87 页第六章实验一（二）的相关内容。

（7）重组质粒 pPIC9K-HSA-IFN-α2b 的鉴定。

a. 从 LB 抗性平板随机挑取若干个单菌落，分别接
种于含 100 μg/mL 氨苄青霉素的 LB 培养液中，于 37℃，
220 r/min 振荡培养 12～16 h。

b. 按试剂盒方法分别提取重组质粒，以空载体
pPIC9K 为对照，进行 0.7% 琼脂糖凝胶电泳。

c. 取其中电泳结果判断为阳性的重组质粒，采用限
制酶酶切和 PCR 分析进行进一步验证，保存阳性克隆菌。
具体方法参见第 89 页第六章实验一（四）的相关内容。

（8）重组质粒的序列测定。培养阳性克隆菌，提取重
组质粒，送测序公司测序。测序采用 T7 通用引物，单向
测通 *Eco*R Ⅰ 位点和 *Not* Ⅰ 位点之间的区域。利用序列比
对软件分析测序结果。

【注意事项】

双酶切后的样品必须回收纯化后再进行连接，割胶回收时不能长时间紫外照
射，以免 DNA 片段受损。

【思考题】

（1）质粒 pPIC9K 在酵母中的插入位点、工作机制分别是什么？

（2）为什么选用 *Eco*R Ⅰ 和 *Not* Ⅰ 两个酶切位点？其他酶切位点是否可以用？

（二）　重组菌毕赤酵母 GS115-HSA-IFN-α2b 的构建

【实验目的】

（1）了解巴斯德毕赤酵母表达体系及其操作方法。

（2）了解大肠杆菌表达体系与毕赤酵母表达体系的差异。

（3）了解蛋白融合表达的优势。

【实验原理】

巴斯德毕赤酵母表达系统是近十年发展起来的真核表达体系，是目前最为成
功的外源蛋白表达系统之一。与现有的其他表达系统相比，毕赤酵母在表达产物
的加工、外分泌、翻译后修饰及糖基化修饰等方面具有明显的优势，现已广泛用
于外源蛋白的表达。毕赤酵母的主要特点如下。

（1）毕赤酵母属于真核表达体系，有很强的糖基化修饰能力，有利于提高表

达蛋白的生物活性，特别适用于真核蛋白的表达；且在其发酵过程中不产生内毒素，因而更有利于药物蛋白的表达。

（2）毕赤酵母使用醇氧化酶（AOX1）启动子，该启动子具有高活性，利于启动基因的高表达。外源基因通过同源重组的方式整合到毕赤酵母基因组中，从而提高遗传稳定性。

（3）毕赤酵母分泌至胞外的宿主蛋白量少，对于分泌表达的目标蛋白而言，有利于简化后期分离纯化步骤。

（4）毕赤酵母对培养基的要求较低，且为兼性好氧微生物，有利于进行高密度发酵（干重可高达 100 g/L），提高目标蛋白的表达量。

【实验仪器及材料】

1. 试剂与耗材

TaKaRa 质粒提取试剂盒，限制酶，毕赤酵母 GS115，工程菌种 *E.coli* JM109（pPIC9K-HSA-IFN-α2b）、JM109（pPIC9K）等。

2. 仪器

电转化仪，水浴锅，凝胶成像仪，灭菌锅，制冰机等。

3. 培养基

YPD 培养基：酵母提取物 1%，胰蛋白胨 2%，葡萄糖 2%。固体培养基添加 1.5%～2% 琼脂，用于酵母菌培养。

MD 培养基：葡萄糖 2%，不含氨基酸的酵母氮基（yeast nitrogen base，YNB）1.34%，生物素 0.1%（母液 0.04 g/L）。固体培养基添加 1.5%～2% 琼脂，1 mol/L 山梨醇，用于毕赤酵母转化物培养。也可加入适当量的 G418，用于高拷贝整合的毕赤酵母基因工程菌的筛选。

【实验步骤】

笔 记

1. 表达载体的线性化制备

（1）提取质粒 pPIC9K- HSA-IFN-α2b 和 pPIC9K。

（2）用 *Sal* I 酶切质粒，100 μL 反应体系如下：

ddH₂O	36 μL
pPIC9K-HSA-IFN-α2b 或 pPIC9K	50 μL
10×Buffer H	10 μL
Sal I	4 μL

37℃水浴锅恒温反应 3 h，65℃灭活。

（3）PCR 产物纯化试剂盒回收线性化质粒，−20℃保藏备用。

2. 制备毕赤酵母 GS115 感受态细胞

（1）在平板中挑取生长良好的毕赤酵母单菌落，接种于 100 mL YPD 液体培养基中，30℃，200 r/min 培养 24 h。按 0.6% 的接种量将活化菌液接种于 100 mL YPD 液体培养基，30℃，200 r/min 振荡培养至 $OD_{600}=1.3\sim1.5$。

（2）酵母培养液转移到两个无菌 50 mL 离心管中，5000 r/min 离心 6 min。弃上清液，收集菌体。

（3）每管加无菌超纯水 8 mL，悬浮细胞后合并。依次加氯化锂（1 mol/L）2 mL 和 TE 缓冲液（10 mmol/L EDTA, pH 8.0; 100 mmol/L Tris-Cl, pH 7.4）2 mL，混合均匀，置于摇床中，30℃ 60 r/min 缓慢振荡 50 min。

（4）取出离心管，加 1 mol/L 的 DTT 溶液 0.5 mL，仍然置于摇床中，30℃ 60 r/min 缓慢振荡 15 min。

（5）用无菌超纯水稀释菌液至 50 mL，5000 r/min 离心 6 min，收集菌体。

（6）用 50 mL 预冷的无菌超纯水洗涤菌体，移液枪缓慢吹吸使菌体分散，5000 r/min 离心 6 min 收集菌体。

（7）用 20 mL 预冷的无菌的山梨醇（1 mol/L）重悬菌体，移液枪吹吸使菌体分散，5000 r/min 离心 6 min 收集菌体。

（8）取 650 μL 预冷的山梨重悬菌体。

（9）80 μL 每管分装于 200 μL 离心管中，直接用于转化或存于 −80℃ 备用。

3. 电转化构建重组菌

（1）取线性化的质粒 pPIC9K 及 pPIC9K-HSA-IFN-α2b 各 10 μL，分别加入至 GS115 感受态细胞中，移液枪吹吸混合均匀，冰浴冷却。

（2）转化体系转移至预冷的电击杯（0.2 cm 间隙）中，电击转化（200 Ω、5 μF、1500 V、5 ms）。

（3）迅速转移菌体到 1.5 mL EP 管中，迅速加入 0.65 mL 冰冷的山梨醇（1 mol/L），移液枪吹吸混匀。

（4）30℃ 培养箱中静置培养 0.5 h，混匀后涂布至 2 块含 1 mol/L 山梨醇的 MD 平板中，30℃ 培养至菌落出现。

4. 高拷贝重组子筛选

（1）取出上述 MD 平板，用 2 mL 无菌水冲洗下菌落，收集所有菌悬液。

（2）血细胞计数板对菌悬液进行细胞计数，并用无菌水调整菌悬液菌浓至 5×10^5 个细胞 /mL 左右。

（3）分别取 200 μL 菌悬液，涂布于含有 1 mg/mL、2 mg/mL、3 mg/mL、4 mg/mL G418 的 MD 抗性平板，于 30℃，培养 3~6 天，至长出单菌落。

【注意事项】

（1）感受态制备过程中，菌体一定要保持低温，所有试剂均需预冷。

（2）电击后的菌体应迅速加入冰冷的山梨醇起到保护作用。

【思考题】

（1）简述酵母感受态制备的关键点和注意事项？

（2）酵母电转化后为什么要选不同浓度的抗性平板进行涂布？

（三）重组菌株的 PCR 验证

【实验目的】

（1）了解巴斯德毕赤酵母表达体系及其操作方法。

（2）了解大肠杆菌表达体系与毕赤酵母表达体系的差异，了解蛋白融合表达的优势。

【实验原理】

同第 96 页第六章实验一中"（七）重组表达质粒 pET28α-IFN-α2b 的 PCR 鉴定和测序"。

【实验仪器及材料】

1. 试剂与耗材

酵母基因组提取试剂盒，*Taq* 酶，琼脂糖等。

2. 仪器

离心机，PCR 仪，电泳仪等。

3. *AOX*1 通用引物

上游 A1：5′—GACTGGTTCCAATTGACAAGC—3′

下游 A2：5′—AGGATGTCAGAATGCCATTTGCC—3′

【实验步骤】

笔　记

1. 酵母重组子培养

取上一步实验长出单菌落的平板，挑取若干单菌落，接种 YPD 液体培养基，培养 48 h。

2. 酵母基因组的提取

方法参考天根生化科技有限公司酵母基因组提取试剂盒说明书。

（1）离心收集酵母细胞（不超过 5×10^7），加入含 50 U 溶菌酶的缓冲液，30℃处理 30 min，4000 r/min 离心 10 min，弃上清液。

（2）加入 200 μL 的缓冲液 GA 复溶，混合均匀。

（3）加入 20 μL 的蛋白酶 K 溶液和 4 μL 的 RNase A（100 mg/mL）溶液，充分混匀，室温静置 5 min。

（4）加入 220 μL GB 缓冲液，混匀，70℃反应 10 min。溶液应为清亮，短暂离心去除管盖内壁的水珠。

（5）加入 220 μL 无水乙醇，充分颠倒混匀，此时有絮状沉淀产生，短暂离心去除管壁的水珠。

（6）溶液和沉淀全部转移至 CB3 吸附柱中（吸附柱置于收集管中），1200 r/min 离心 30 s，去除离心液。

（7）在 CB3 中加入 500 μL 的 GD 液，12 000 r/min 离心 30 s，弃废液。

（8）在 CB3 中加入 700 μL 的漂洗液 PW，12 000 r/min 离心 30 s，弃废液。

（9）重复步骤（8）。

（10）CB3 吸附柱 12 000 r/min 空离 2 min，并将 CB3 吸附柱在室温中放置数分钟，以彻底晾干，去除残余。

（11）将 CB3 吸附柱转移至一干净的无菌离心管中，加入 50～200 μL 的洗脱液 TE，室温放置 2～5 min，12 000 r/min 离心 2 min。离心液即为酵母基因组的 DNA。

3. 酵母基因组 PCR 扩增验证

（1）分别以空载 pPIC9K、重组质粒 pPIC9K-HSA-IFN-α2b、GS115 基因组、GS115（pPIC9K- HSA-IFN-α2b）基因组为模板，用 *AOX*1 通用引物进行 PCR 扩增，50 μL 反应体系如下：

模板	0.5 μL
10×Buffer	5 μL
dNTP（2.5 mmol/L）	4 μL
A1（10 μmol/L）	1.5 μL
A2（10 μmol/L）	1.5 μL
Taq 聚合酶	0.5 μL

ddH$_2$O   加至 50 μL

PCR 反应条件为：94℃预变性 5 min；94℃变性 60 s，60℃退火 70 s，72℃延伸 60 s，30 个循环；72℃延伸 10 min；12℃保温。

（2）琼脂糖凝胶电泳检测 PCR 产物。

【注意事项】

（1）酵母基因组提取时，细胞壁裂解一定要充分。

（2）酵母基因组提取，最后一步洗脱时可置于 37℃水浴，以提高洗脱效率。

【思考题】

（1）酵母提取各步骤的作用是什么？

（2）PCR 验证时的阳性对照和阴性对照分别是什么？

（四）重组菌株的表达验证

【实验目的】

（1）了解巴斯德毕赤酵母外源基因表达的方法及其操作方法。

（2）了解大肠杆菌表达体系与毕赤酵母表达体系的差异，以及蛋白融合表达的优势。

【实验原理】

酵母细胞能在以甘油为碳源的培养液中迅速生长，菌体浓度逐渐积累，但在该培养基条件下外源基因的表达被完全抑制。而当甘油缺失或被完全消耗时，添加甲醇可诱导外源蛋白产生，此阶段菌体生长迟缓，但产物表达旺盛。因此，酵母的表达过程由细胞生长和诱导表达两个阶段组成。

【实验仪器及材料】

1. 试剂与耗材

胰蛋白胨，酵母提取物，葡萄糖等。

2. 仪器

恒温摇床，电泳仪，转膜仪等。

3. 培养基

BMGY 培养基：胰蛋白胨 2%，酵母提取物 1%，100 mmol/L 磷酸钾 pH6.0，YNB 1.34%，生物素 0.1%（母液 0.04 g/L），甘油 1%，用于毕赤酵母基因工程菌的培养。

BMMY 培养基：胰蛋白胨 2%，酵母提取物 1%，100 mmol/L 磷酸钾 pH6.0，

YNB 1.34%，生物素 0.1%（母液 0.04 g/L），甲醇 5%，用于毕赤酵母基因工程菌的诱导表达。

【实验步骤】

1. 重组菌的诱导表达

（1）挑取 PCR 验证的阳性菌落，分别接种于 BMGY 培养基（10 mL 于 50 mL 三角瓶中），于 30℃，250 r/min 振摇培养至 $A_{600\,nm}$ 达到 20 左右，约 26 h。

笔　记

（2）将培养物转移至 15 mL 无菌离心管中，室温下 5000 r/min 离心 5 min 收集酵母细胞，加入 3 mL BMMY 培养基重悬细胞，于 30℃，250 r/min 摇床进行诱导培养。

（3）每 24 h 补加一次 100% 甲醇至终浓度 0.5%，持续诱导培养 3 天。

（4）将诱导培养物转移至 5 mL 离心管中，室温下 5000 r/min 离心 5 min，收集上清液。

2. 分泌表达蛋白的 Western blot 验证

诱导培养物上清进行 Western blot 验证，查看蛋白质表达情况，筛选表达量较高的工程菌，保藏用作发酵研究。

【注意事项】

毕赤酵母表达的过程分为菌体生长和诱导表达两个阶段，应保证菌体生长到一定浓度后再进入诱导表达阶段。

【思考题】

（1）简述毕赤酵母表达和大肠杆菌表达的差异。
（2）简述甲醇在毕赤酵母表达过程中的作用。

实验二　工程菌毕赤酵母 GS115-HSA- IFN-α2b 的罐上发酵

【实验目的】

（1）掌握毕赤酵母发酵罐上的生长规律及发酵工艺控制。
（2）掌握发酵设备及其相应的控制系统。
（3）掌握 SDS-PAGE 监测重组蛋白表达情况。

【实验原理】

巴斯德毕赤酵母表达菌株的培养条件包括：适宜的培养液缓冲系统及环境pH，以降低宿主蛋白酶的活性；最大的溶氧条件，包括通气量、搅拌转数等；培养液中含适量的蛋白胨或酪蛋白水解物，以减少产物被宿主蛋白酶降解，并为目的蛋白的合成及分泌提供氨基酸和能量。

毕赤酵母的表达过程由细胞生长和诱导表达两个阶段组成。本实验以基因工程菌毕赤酵母 GS115-HSA-IFN-α2b 为生产菌株，在 7.5 L 全自动不锈钢发酵罐中发酵培养 5 天，得到分泌表达的人血清白蛋白和干扰素 α2b 融合蛋白。

【实验仪器及材料】

1. 仪器

天平，pH 计，磁力搅拌器，发酵罐，灭菌锅，超净工作台，500 mL 烧杯×2，500 mL 量筒×2，250 mL 三角瓶×5，EP 管、流加瓶等。

2. 材料

胰蛋白胨，酵母提取物，甘油，甲醇，NaCl，NaOH，Bradford 总蛋白检测试剂盒，不含氨基酸的 YNB，尿微量白蛋白测定试剂盒等。

3. 培养基

（1）种子培养基：YPD 一级种子培养基和 BMGY 二级种子培养基。

YPD 培养基：酵母粉 1%，胰蛋白胨 2%，葡萄糖 2%。固体培养基需添加 1.5%～2% 琼脂粉，用于酵母菌培养。

（2）初始发酵培养基：甘油 4%，酵母粉 1%，胰蛋白胨 2%，YNB 1.34%，100 mmol/L 磷酸钾缓冲液，pH6.0。

（3）补料培养基：甘油 5%，酵母粉 5%，胰蛋白胨 10%，YNB 6.7%。

（4）诱导培养基：甲醇 100%。

（5）防降解培养基：酵母粉 5%，胰蛋白胨 10%，YNB 6.7%。

【实验步骤】

笔 记

1. 种子培养基及相关试剂配制

（1）YPD 一级种子培养基：25 mL/250 mL 三角瓶，1 瓶，8 层纱布包扎灭菌。

（2）BMGY 二级种子培养基：50 mL/500 mL 三角瓶，3 瓶，8 层纱布包扎灭菌。

（3）200 mL 30% 磷酸，200 mL 2 mol/L KOH，100 mL 20% 消泡剂盛于流加瓶中，包好灭菌；200 μL、1 mL 枪头装好，报纸包扎灭菌。

配制初始发酵培养基 3.5 L 倒入发酵罐，在位灭菌，操作参见第 105 页第六章实验二（二）的相关内容。

2．种子制备

（1）一级种子：从活化平皿中挑选单菌落接种至 25 mL YPD 培养基中，30℃，200 r/min 培养 24 h。

（2）二级种子：取一级种子转接至二级种子液，接种量为 2%，30℃，200 r/min 培养 24 h。

3．发酵培养基及相关试剂配制

（1）配制初始发酵培养基 3.5 L。

（2）分别配制补料培养基 500 mL、诱导培养基 1 L、防降解培养基 500 mL。

4．发酵操作

（1）上罐准备、电极校正、气密性检查、灭菌等操作方法参见第 105 页第六章实验二（二）的相关内容。

（2）接种：取二级种子液，接种量为 3%。

（3）发酵罐初始参数设置：调节发酵温度 30℃，pH6.0，转速 600 r/min，通气量 1～2 vvm（通气比）。以 30% 磷酸和 2 mol/L 氢氧化钾控制发酵过程 pH 恒定。

（4）发酵过程控制：菌体生长阶段，发酵过程中溶氧不断下降，降至最低点后反弹至 45% 时，发酵培养基中甘油基本消耗完全，此时，以 60 mL/h 的流速补加补料培养基 350 mL，调节 pH5.5；诱导表达阶段，溶氧下降后再次上升，发酵培养用溶氧与甲醇负相关的流加策略，将溶氧控制在 35% 的水平，同时以 8 mL/h 流速流加防降解培养基；诱导 3 天后结束发酵。

5．取样操作

操作方法参见第 105 页第六章实验二（二）的相关内容。诱导前每 4 h 取样测菌浓，诱导开始后每间隔 6 h 取样，测菌浓和胞外蛋白含量变化。

6．产物 Western blot 检测

诱导结束后取发酵液，离心，取上清液进行 Western blot 检测。

【思考题】

（1）毕赤酵母发酵分为哪几个阶段？分别有什么特征？

（2）甲醇在本实验中的作用是什么？

实验三　毕赤酵母分泌表达的人血清白蛋白和干扰素 **α2b** 融合蛋白纯化

【实验目的】

（1）掌握分泌表达蛋白样品的特性。

（2）掌握离子交换层析的一般过程和层析仪器的使用方法。

【实验原理】

毕赤酵母分泌表达系统发酵所得的目的蛋白位于发酵液的上清中，离心后，上清样品经 0.45 μm 膜过滤可直接上层析柱进行蛋白的分离纯化。

膜过滤：利用膜的孔径大小的不同，以膜两侧存在的能量差作为推动力，溶液中各组分透过膜的迁移率不同，从而实现分离的一种技术。根据孔径的不同，可将膜过滤分为如图 7-2 所示的四类。

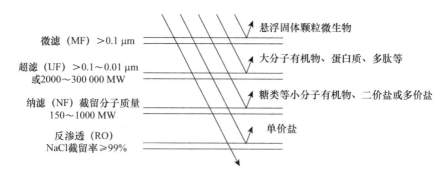

图 7-2　各级膜过滤示意图

【实验仪器及材料】

大容量离心机、超滤仪、电导率仪等。其余同第六章实验三。

【实验步骤】

1. 上清液的获得和超滤浓缩

取发酵液于大容量离心机，4℃，8000 r/min 离心 10 min，获得发酵上清液，用 0.45 μm 膜过滤除菌。用截留分子质量为 10 kDa 的超滤膜进行超滤，浓缩 10 倍。调节电导与 20 mmol/L NaPB（pH7.2）、0.1 mol/L NaCl 电导相同，并调节浓缩液的 pH 为 7.2。

2. Blue Sepharose FF 亲和层析

用 AKTA 纯化系统分离纯化。以 Blue Sepharose Fast Flow 为填料，纯化柱装填 40 mL 填料，以 A 液（0.1 mol/L NaCl，20 mmol/L NaPB，pH7.2）6 mL/min 的流速淋洗平衡。浓缩液 100 mL，流速 4 mL/min 上样，再用 A 液平衡纯化柱。以 B 液（2 mol/L NaCl，20 mmol/L NaPB，pH7.2）的 50% 和 100% 两个条件梯度洗脱，分别收集洗脱液。再以 1 mol/L 的精氨酸（pH7.2）溶液洗脱，收集洗脱液。最后用 20% 的乙醇过柱保藏。分离时流速控制为 4 mL/min。

3. Phenyl Sepharose FF 疏水层析

填料为 Phenyl Sepharose Fast Flow，填料装填量为 30 mL。20 mmol/L NaPB（pH7.2）、2 mol/L NaCl 为 A 液平衡疏水柱，用 Blue Sepharose 的洗脱液调节电导后上样，上样完全后用 A 液淋洗平衡。用 20 mmol/L NaPB（pH7.2）为 B 液洗脱，再用 20%（V/V）乙二醇洗脱。整个过程的流速为 4 mL/min。

4. Q Sepharose FF 离子层析

填料为 Q Sepharose Fast Flow，填料装填量为 30 mL。20 mmol/L NaPB（pH7.2）为 A 液平衡疏水柱，用 Phenyl Sepharose 柱的 100% B 液洗脱液调节电导后上样。以 0.5 mol/L NaCl、20 mmol/L NaPB（pH7.2）为 B 液。整个过程的流速为 4 mL/min。

5. 产品终浓度

对所得的目标产物进行活性检测，根据产品的目标活性计算浓缩倍数，用 10 kDa 的超滤膜进行浓缩。

注：超滤膜的孔径均一性决定了膜的选择性，通常情况下截留的目标蛋白分子质量应为该膜包截留分子质量的 3～5 倍。

【注意事项】

如样品体积过大，为节省上样时间，可先将样品经超滤浓缩。

【思考题】

（1）简述分泌表达蛋白和胞内表达蛋白在分离纯化工艺中的差异。

（2）简述该纯化工艺中三步层析的分离作用。

本章参考文献

高向东. 2008. 生物制药工艺学实验与指导. 北京：中国医药科技出版社：179.

马银鹏，王玉文，党阿丽，等. 2013. 毕赤酵母表达系统研究进展. 黑龙江科学，9：27-31.

钱凯，雷樘勇，关波，等. 2012. 人血清白蛋白和干扰素 α2b 融合蛋白在毕赤酵母中表达及质量控制，12：1269-1274.

洒荣波. 2005. 基因重组巴斯德毕赤酵母高密度培养研究. 无锡：江南大学硕士学位论文：62.

宋一丹. 2008. HIFNβ-HSA 在毕赤酵母中的诱导表达及其降解蛋白酶的鉴定. 无锡：江南大学硕士学位论文：44.

张必武. 2001. 毕赤酵母基因工程菌高产人血清白蛋白的研究. 无锡：江南大学硕士学位论文：44.

第八章 CHO 细胞表达系统制备人血清白蛋白和干扰素 α2b 融合蛋白

原核生物大肠杆菌表达的重组人干扰素 α2b 及其相关产品已临床应用了 30 多年，治疗病毒性感染和肿瘤的疗效已被肯定。美国 FDA 和中国 CFDA 已先后批准半真核生物毕赤酵母分泌表达重组人白蛋白融合干扰素 α2b 的注射针剂上市，患者的用药依从性明显提升，市场占有率达到 70% 以上。但临床长期使用发现，有一定比例的患者产生重组人白蛋白融合干扰素 α2b 抗体，干扰了治疗慢性病毒性肝炎的效果，提示毕赤酵母与人细胞差异显著，分泌表达的重组人白蛋白融合干扰素 α2b 的构象结构不同，加上糖基化差异更明显，导致机体长期使用后产生抗体。

中国仓鼠来源的 CHO 细胞是美国 FDA 和中国 CFDA 认可的药用蛋白表达宿主细胞，因其来源的哺乳动物特征，分泌表达的蛋白质与人蛋白质更接近，应用后产生抗体的概率低。近期 FDA 批准的大量抗体药物均以 CHO 为工程细胞，产品使用效果满意。鉴于重组人白蛋白融合干扰素 α2b 治疗慢性病毒性肝炎的长期性，建立 CHO 细胞分泌表达重组人白蛋白融合干扰素 α2b 非常必要。以重组人干扰素 α2b CHO 细胞表达载体为基本实验材料，生物制药模块的综合实验内容主要包括通过 CHO 细胞表达系统的构建、重组人白蛋白融合干扰素 α2b 的制备，以及建立注射剂型。整个实验流程包含了生物技术药物研发阶段的相关实验内容和生产工艺过程，涉及的实验模块包括分子生物学实验、细胞培养与高密度细胞规模化培养工艺、蛋白质的分离纯化工艺、药物制剂工艺等。通过该系统的学习，使学生理解生物药物基本的生产工艺流程，并掌握相关的方法学，有利于提高学生的综合实验技能，为培养学生的实践创新能力打下基础。

实验一　CHO-HSA-IFN-α2b 工程细胞的制备

（一）重组表达质粒 pMH₃-HSA-IFN-α2b 的构建

【实验目的】

（1）掌握分子构建的原理和方法。

（2）了解 pMH₃ 的结构和应用。

【实验原理】

分子构建的实验原理同第 82 页第六章实验一。其中，在 CHO 表达系统中运用的表达载体为 pMH₃，其结构如图 8-1 所示。该质粒多克隆位点附近没有 Kozak 序列和信号肽序列，构建过程中需要通过 PCR 将以上序列加入基因序列中以增加分泌表达水平。

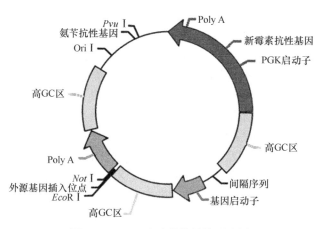

图 8-1　pMH₃ 表达载体结构示意图

pMH₃ 表达载体的特点：①新型超高表达调控元件，摆脱整合位置效应；②天然高表达元件 chick beta actin gene intron-1；③ GC-rich 高效表达元件中的超高 GC 含量使外源目的基因一直处于转录活跃状态，不受整合位置影响，持续高表达。

【实验步骤】

实验步骤同第 82 页第六章实验一的相关内容。

（二） 电转染

【实验目的】

（1）掌握电转染的原理与方法。

（2）了解电转染与其他转染方法的差异。

【实验原理】

将外源基因分子，如 DNA、RNA 等导入真核细胞的技术称为细胞转染技术。随着细胞生物学和分子生物学研究的不断发展，细胞转染技术已经成为研究和调控真核细胞基因功能的常规工具。其在研究基因功能、蛋白质表达等生物学实验中的应用十分广泛。

转染主要分为物理介导、化学介导和生物介导三类途径。通过物理方法将基因导入细胞的方法主要包括电穿孔、显微注射和基因枪等，其中电穿孔法目前应用较多。电穿孔转染法是指电流可逆地击穿细胞膜形成瞬时的水通路或膜上小孔，促使 DNA 分子进入胞内的方法。当遇到某些脂质体转染效率很低或几乎无法转入时，建议用电穿孔法转染。一般情况下，高电场强度会杀死 50%～70% 的细胞。化学介导方法有很多，如磷酸钙共沉淀法、脂质体转染法和多种阳离子物质介导法。生物介导方法有较为原始的原生质体转染，以及目前应用较多的由各种病毒介导的转染方法。

【重点提示】

（1）理想的细胞转染方法，应具有转染效率高、细胞毒性小等优点。影响转染效率的因素很多，包括细胞类型、细胞培养条件、细胞生长状态、转染方法的操作细节等，无论采用哪种转染方法，要获得最优的转染结果，都需要对转染条件进行优化。

（2）病毒介导的转染技术是目前转染效率最高的方法，具有细胞毒性很低的优势。但病毒转染方法的准备程序复杂，对细胞类型有很强的选择性，在一般实验室中很难普及。

【实验仪器及材料】

1. 实验仪器

电穿孔仪，离心机，二氧化碳培养箱等。

2. 实验材料

2 mm 电极杯，1.5 mL 离心管，pMH$_3$-HSA-IFN-α2b 质粒，CHO 细胞，鲑鱼精 DNA，PBS 溶液，冰水，细胞培养皿，CHO 细胞培养基（DMEM/F12＝1∶1，含 10% FBS），G418 等。

笔 记

【实验步骤】

（1）质粒准备：质粒 12 000 r/min 离心 10 min，吸上层质粒至无菌 EP 管中，用于转染。

（2）收集 CHO 细胞，每个反应用 $3×10^6$ 个细胞较好，将收集到的细胞用 PBS 洗涤一次，离心后细胞用 200 μL PBS 重悬。

（3）配制电转反应体系，在 1.5 mL 离心管中分别加入 200 μL 细胞悬液、20 μg 质粒、10 μg（5 μL）鲑鱼精 DNA，混匀后加入 2 mm 电极杯中。

（4）将电极杯冰浴 1 min，160 V，15 ms 电击一次，冰浴 1 min，再电击一次，冰浴 1 min。

（5）在细胞培养皿中各加入 10 mL 的培养基（DMEM/F12＝1∶1，含 10% FBS），将电极杯中的悬液加入其中。

（6）细胞培养过夜后，换液，加入终浓度为 1.2～1.8 mg/mL 的 G418。

（7）药物作用 2～3 天。

【注意事项】

（1）鲑鱼精 DNA 溶液是经过酚－氯仿抽提，超声和热变性处理的短片段单链 DNA 溶液，可直接用于 Southern blot、Northern blot 等原位杂交实验中，也可提高转染效率。

（2）药物作用 2～3 天后，若出现大量死细胞则继续进入下一步实验。若细胞几乎无死亡，说明 G418 压力太小，需提高 G418 浓度，再次加压，直至培养 2～3 天后细胞出现大量死亡为止。

【思考题】

（1）电转染与其他转染方法相比有哪些优缺点？

（2）影响电转染效率的因素有哪些？

（三）单克隆筛选——有限稀释法

【实验目的】

（1）掌握有限稀释法筛选细胞单克隆的方法。

（2）了解筛选单克隆的意义。

【实验原理】

单克隆是指子代来源于一个母体。分离单个细胞，让该单个细胞增殖，那么产生的后代都是来源于同一个细胞，叫做单细胞克隆。在基因工程中，为获得稳定高效表达的工程细胞，筛选单细胞克隆是最常用也是效果最明显的方法。单细胞克隆筛选的方法较多，其中最常见的方法是有限稀释法，即通过不同的稀释方法铺 96 孔板，致使部分孔中含 0.5～1 个细胞。培养 7～10 天后，选择阳性单克隆再一次进行单克隆筛选。一般需要如此重复 3～5 次，直至达 100% 阳性孔率时即可，以确保表达产物由单个克隆所产生。

【重点提示】

目前，除了通过人工的方法进行单克隆化以外，也有用流式细胞筛选技术进行单克隆化的方法，该方法更加省时省力，相信通过机械自动化的方法进行克隆筛选将成为趋势。

【实验仪器及材料】

1. 实验仪器

显微镜，二氧化碳培养箱等。

2. 实验材料

96 孔板，胰酶，上一步实验经电转加压后的细胞，培养基（DMEM/F12＝1：1，含 10% FBS），8 道排枪，移液枪等。

【实验步骤】

（1）胰酶消化细胞，调节细胞密度至 2.0×10^4 个 /mL。

笔 记

（2）取 96 孔板，用 8 道排枪在每孔中加入 100 μL 培养基（A1 孔除外），如图 8-2 所示。

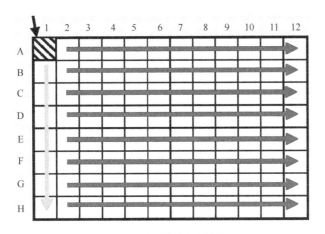

图 8-2　细胞铺板示意图

（3）在 A1 孔中加入 200 μL 细胞悬液，迅速转移 100 μL 至 B1 孔中，轻轻吹打混匀 B1 孔中的细胞，避免产生气泡。用同一枪头，按照如此 1∶2 的稀释比例继续稀释整列，最后弃去 H1 孔中的 100 μL 细胞悬液。

（4）用 8 道排枪在第一列孔中按照 100 μL/ 孔加入空培养基（每孔终体积为 200 μL）。轻轻混匀后，从第一列（A1～H1）每孔中移取 100 μL 至第二列（A2～H2）中（无须更换枪头），轻轻混匀，避免产生气泡。

（5）按照如此 1∶2 的稀释比例继续稀释整块孔板，期间无须更换枪头。最后弃去第 12 列（A12～H12）每孔中的 100 μL 细胞悬液。如此，整块板每孔体积都为 100 μL。

（6）用 8 道排枪按照 100 μL/ 孔加入培养基，在孔板上做好标记。

（7）将孔板置二氧化碳培养箱中培养，培养 4～5 天后可在显微镜下观察到克隆，培养 7～10 天后在显微镜下观察克隆形成情况，在出现单克隆的孔底做好标记。

（8）将单克隆消化后转移至 12 孔板中继续培养待下一步筛选检测。

【注意事项】

（1）整个稀释过程中，需确保细胞悬液均匀，吹打混匀过程中动作要轻，避免产生气泡；否则会产生细胞悬液不均一的现象，将严重影响单克隆概率。

（2）若细胞的单克隆形成能力较差，可将此步骤的培养基换成微孔滤膜过滤的、经培养 24 h 的细胞培养上清液。

【思考题】

（1）影响单克隆形成率的因素有哪些？
（2）其他单克隆筛选的方法有哪些？

（四）ELISA 法筛选高表达克隆

【实验目的】

掌握酶联免疫法（enzyme linked immunosorbent assay，ELISA）筛选高表达克隆的原理及方法。

【实验原理】

ELISA 是可溶性的抗原或抗体结合到聚苯乙烯等固相载体上，利用抗原抗体结合专一性进行免疫反应的定性和定量检测方法。

检测过程中，样品中的待检物质（抗原或抗体）与固相化的抗体或抗原结合，洗去未结合物后再加入酶标记的抗原或抗体，此时，能固定下来的酶量与样品中被检物质的量呈正相关。最后加入与酶反应的底物后进行显色，根据颜色的深浅判断样品中待检物质的含量，从而进行定性或定量分析。由于酶的催化效率很高，间接地放大了免疫反应的结果，使测定方法达到很高的灵敏度。

【重点提示】

ELISA 法按种类和变化可分为以下几种：①双抗体夹心法；②间接法；③竞争法；④双位点一步法；⑤捕获法测 IgM 抗体；⑥应用亲和素和生物素的 ELISA。

本实验采用试剂盒属于双抗体夹心法，该方法是针对抗原分子上两个不同抗原决定簇的单克隆抗体分别作为固相抗体和酶标抗体。

【实验仪器及材料】

1. 实验仪器

酶标仪等。

2. 实验材料

人干扰素 α2b（IFN-α2b）ELISA 试剂盒（购自上海信帆生物科技有限公司），无血清培养液等。

【实验步骤】

（1）将上一实验筛选出的单克隆消化后，转移至新的 12 孔板中。

笔　记

（2）待细胞汇集至 80% 左右时，更换无血清培养液，培养 2~3 天后，收集上清，检测上清液中 IFN-α2b 的表达情况。

（3）标准品的稀释。

8 nmol/L 5 号标准品：150 μL 的原倍标准品加入 150 μL 标准品稀释液；

4 nmol/L 4 号标准品：150 μL 的 5 号标准品加入 150 μL 标准品稀释液；

2 nmol/L 3 号标准品：150 μL 的 4 号标准品加入 150 μL 标准品稀释液；

1 nmol/L 2 号标准品：150 μL 的 3 号标准品加入 150 μL 标准品稀释液；

0.5 nmol/L 1 号标准品：150 μL 的 2 号标准品加入

150 μL 标准品稀释液。

（4）样品设置：分别设空白孔（空白孔不加样品及酶标试剂，其余各步操作相同）、标准孔和待测样品孔。

（5）加样：在酶标板上加入各稀释度标准品 50 μL/孔，待测样品孔中先加样品稀释液 40 μL/孔，然后再加待测样品 10 μL/孔（如此样品的最终稀释度为 5 倍，若要设置其他稀释度，可自行设计稀释方法）。加样时加于酶标板孔底部，尽量不触及孔底和孔壁，轻轻晃动混匀。

（6）温育：用封板膜封板后将酶标板置 37℃ 温育 30 min。

（7）洗涤：小心揭掉封板膜，弃去液体，拍干，每孔加满稀释后的洗涤液，静置 30 s 后弃去拍干，如此重复 5 次，拍干。

（8）加酶：加入酶标试剂 50 μL/孔，空白孔除外。

（9）温育：操作同步骤（6）。

（10）洗涤：操作同步骤（7）。

（11）显色：先加入显色剂 A 50 μL/孔，再加入显色剂 B 50 μL/孔，轻轻振荡混匀，37℃ 避光显色 10 min。

（12）终止：加终止液 50 μL/孔，终止反应（此时蓝色立刻转为黄色）。

（13）测定：在 450 nm 波长下测定吸光度（OD 值）。测定应在加终止液后 15 min 以内进行。

（14）数据处理：以标准品的浓度为横坐标、OD 值为纵坐标作标准曲线，得出线性回归方程式，将样品的 OD 值代入方程后计算出样品浓度，再乘以相应的稀释倍数，得出样品的实际浓度。

【注意事项】

（1）样品的稀释倍数根据实际情况而定，若无法估算，可以设计多个稀释梯度。

（2）OD 值均是指减去相应的空白孔后的 OD 值。

【思考题】

（1）此方法筛选高表达克隆可能会存在哪些误差？如何减少误差？

（2）列举其他筛选高表达克隆的方法并分析其利弊。

（五）工程细胞悬浮驯化

【实验目的】

（1）了解悬浮培养在大规模培养过程中的作用。

（2）掌握细胞悬浮驯化的方法。

【实验原理】

哺乳动物细胞悬浮培养是指一种在受到不断搅动或摇动的液体培养基里，培养单细胞的培养系统。哺乳动物细胞大规模培养技术是生物制药企业下游通用技术之一，其在该行业发挥极为重要的作用。该项技术的关键在于实现哺乳动物细胞的悬浮和无血清培养，从而提高产能，降低成本。

因此，细胞由贴壁培养转向悬浮培养的驯化过程在大规模培养过程中就显得尤为重要。为实现驯化的稳定，通常由高浓度血清培养逐渐降低血清浓度进行培养，由低密度细胞培养转向高密度细胞培养。驯化过程中细胞的活力、增殖能力、目标蛋白的表达能力等是评价细胞是否驯化成功的关键指标。由于特定细胞的目标产物不同、细胞生长特性不同，导致其对营养的需求不同，实现悬浮驯化的难易程度也有很大差异，因此在驯化时需要选用合适的细胞培养基，并针对性地补充某些营养成分以满足细胞的特定需求，使驯化好的细胞可以较好地保持其悬浮生长的特性。

【实验仪器及材料】

1．实验仪器

二氧化碳培养箱，摇床等。

2．实验材料

1 号培养基：DMEM/F12 培养基，含 10% FBS；

2 号培养基：CD-CHO 无血清培养基；

3 号培养基：50% 1 号培养基＋50% 2 号培养基；

4 号培养基：50% 2 号培养基＋50% 3 号培养基；

5 号培养基：50% 3 号培养基＋50% 4 号培养基。

细胞培养瓶，细胞摇瓶等。

【实验步骤】

（1）将实验（四）ELISA 法筛选获得的高表达阳性克隆最终转移至 T75 细胞培养瓶中进行扩培，用 1 号培养基进行培养。

（2）当细胞汇合度达到 80%～90% 时，PBS 洗涤，

笔　记

胰酶消化，用 3 号培养基终止消化，计数并离心。

（3）用 3 号培养基重悬细胞，以 1.0×10^5 个细胞 /mL 的密度接种细胞。

（4）当细胞的汇合度达到 80%～90%，保留培养基中悬浮的细胞，检测悬浮细胞的活力，如果悬浮细胞无活力，则弃去上清液；如果有活力，收集上清液中的细胞并与胰酶消化后的贴壁细胞混合。

（5）用 4 号培养基终止消化，计数并离心。

（6）用 4 号培养基重悬细胞，重复步骤（3）、（4）。

（7）用 5 号培养基终止消化，计数并离心。

（8）用 5 号培养基重悬细胞，以 2.0×10^5 个细胞 /mL 的密度接种细胞。

（9）每天观察并检测细胞活性，并用手掌轻拍打细胞瓶让细胞悬浮，放回培养箱直到细胞的汇合度达到 80%～90%（4～5 天）。

（10）若悬浮细胞存活，则保留悬浮的细胞并用手掌轻拍细胞瓶，用吸管吹落瓶壁上的细胞，将细胞轻轻吹散，避免气泡产生。计数细胞并离心。

（11）用 2 号培养基重悬细胞，以 8.0×10^5 个细胞 /mL 的密度接种细胞，直到细胞的密度达到 1.5×10^6～2.0×10^6 个细胞 /mL（3～4 天）。

（12）吹散细胞，计数并离心。

（13）反复重复步骤（8）～（12）。

（14）以 6.0×10^5 个细胞 /mL 的密度接种于摇瓶中，60 r/min 转速培养。

（15）培养方法建立之后，可以对悬浮细胞进行规模化的培养。

【注意事项】

（1）如果细胞聚团严重，可以静置让大团的细胞沉降到细胞瓶底部，然后吸取单个细胞悬液进行培养。

（2）不同的克隆，其最适接种密度可能会有所差异，可依情况而定。

【思考题】

（1）查阅文献，解析细胞悬浮驯化成功的指标有哪些？

（2）哺乳动物细胞的悬浮和无血清培养在生物产业技术领域有何意义？

实验二　CHO-HSA-IFN-α2b 工程细胞的罐上发酵

【实验目的】

（1）熟悉发酵设备及相应的控制系统。

（2）了解细胞在发酵罐上的生长规律及目的蛋白的表达情况。

（3）掌握动物细胞大规模培养的工艺控制。

【实验原理】

动物细胞大规模培养技术是运用动物来源细胞，模拟体内的生理环境，在无菌、恒温和均一的营养介质下，使细胞正常生长并实现表达产物稳定分泌表达的一项工业化技术。使用最多的工程细胞主要包括 CHO、BHK、HEK293、Vero 等，其高密度培养技术至少有 70% 是通过搅拌式生物反应器连续悬浮培养形式实现的，大部分均采用无血清、无蛋白培养；目前，用于诊断和研究工具产品单抗占据很大的品种比例，而用于治疗的单抗及其他生物类药物的品种虽然较少，但需求量越来越大，这就要求我们开展多种生产方式和进一步扩大生产规模来提高产量。

【实验步骤】

1. 发酵前准备

（1）CHO 种子准备：在摇瓶中准备发酵种子（1000 mL，2.0×10^6 个细胞 /mL），细胞活率维持在 98% 以上。

（2）发酵室紫外灭菌。

（3）其他准备：蠕动泵用酒精擦拭消毒，在传递窗中紫外消毒 30 min。

2. 发酵罐灭菌

（1）发酵罐空消灭菌：发酵罐泡碱处理（0.5 mol/L NaOH，清除内毒素）及清洗（用纯化水和超纯水）后，将发酵罐套入两层灭菌袋，湿热灭菌 112℃、30 min。

（2）发酵罐灭菌：发酵罐的 3 个接种软管口用 8 层纱布和牛皮纸套住，一个用于泵入种子和发酵培养基，一个用于连接补料培养基，一个用于连接消泡剂。将碱瓶（饱和 Na_2CO_3 溶液）接上发酵罐，同时将气体的接入口和尾气排放口用 8 层纱布和牛皮纸套住。发酵罐套入两层灭菌

笔　记

袋，湿热灭菌 112℃、30 min。

3. 上罐

1）超净台中操作　在超净台中去掉灭菌袋，从补料口泵入 1 L 种子液，然后连接上发酵培养基。再将其他两个补料接口连接好（补料培养基和消泡剂补料接口）。

2）发酵罐操作

（1）连接发酵罐的管路，包括空气口、冷却水口和冷凝水口。

（2）电极连接，包括溶氧电极、pH 电极和温度电极，连接前用标准液校正。

（3）设置参数。①温度：初始温度 37℃，细胞达到最大密度后降为 34℃。② pH：1 mol/L 碳酸氢钠溶液和 CO_2 自动控制，全程 6.8~7.4。③溶氧：空气、氮气和氧气自动控制溶氧，溶氧设置为生长期不控制、稳定期 40%。④搅拌：150 r/min。

（4）发酵，每隔 12 h 取样，监测细胞密度、糖含量、目的蛋白含量、细胞死亡率。按照不同的补料方式进行补料。根据产泡的情况决定消泡剂的添加量，只要泡沫没有完全覆盖住液面便无须添加消泡剂。

4. 发酵终止

关闭发酵系统，收取发酵液。将电极取下后清洗并保存，然后清洗罐体。

5. SDS-PAGE 检测重组蛋白合成情况

具体方法参见第 98 页第六章实验一（八）的相关内容。

根据细胞的密度及活率决定最终终止发酵的时间。一般情况下，细胞活率降低到 50% 时可以选择下罐。

【注意事项】

（1）下罐时间需要根据细胞的种类及最终产物的性质而定，一般情况下细胞在最后阶段代谢产生的产物比较多，但是细胞的死亡及细胞内溶物的释放也会增多，需要根据下游的纯化工艺来综合考虑具体的下罐时机。

（2）发酵过程的无菌操作是关键。从以下方面检测主要环节的无菌操作：①上罐前的环境菌群落检测；②刚上罐后取样，加入 LB 培养基中，检测接种操作的可靠性；③发酵过程中，每隔两天取样，加入 LB 培养基中，检测接种操作的可靠性。

【思考题】

（1）一般在哺乳动物细胞的高密度发酵过程中，补料的依据有哪些？

（2）选择下罐的依据有哪些？

实验三　CHO 系统表达的人血清白蛋白和干扰素 α2b 融合蛋白纯化

【实验目的】

掌握动物细胞发酵培养中重组蛋白的分离纯化。

【实验原理】

CHO 细胞表达的人血清白蛋白和干扰素 α2b 融合蛋白为胞外游离表达。纯化分三步进行：一是深层过滤澄清细胞悬液，同时去除颗粒、亚微颗粒、胶质物及可溶性杂质，使溶液达到上柱层析的要求；二是离子交换层析，通过调节目标蛋白的电荷量，使其吸附在阳离子交换树脂上，梯度洗脱得到目标蛋白；三是超滤浓缩至目标浓度。

深层过滤是指利用具有一定厚度的特定介质，截留细胞，去除颗粒、亚微颗粒、胶质物及可溶的物质，从而达到固液分离和去除污染物的目的。粒径大于过滤器孔径的物质，如细胞、大颗粒污染物很容易通过机械过滤去除，这种机制也称为筛选、滤除或尺寸排阻。不过，DNA 或宿主细胞残留蛋白之类污染物的去除并非如此直观。深层过滤器的另一种纯化机制是吸附，也就是借助电动力学或表面亲和性吸附污染物。现有的深层过滤器介质种类繁多，包括：用于去除负电荷物质的正电荷修饰介质；具有特殊吸附特性的碳填充介质；用于去除脂质的高硅氧介质；热原敏感应用中使用的低热原性介质等。选择合适的深层过滤器和过滤介质可有效提高工业生产的效率。

【实验步骤】

（1）将一次性膜包安装至深层过滤仪上，连接设备管路，将细胞发酵液打入深层过滤仪，收集滤液，弃膜包。

（2）后续分离步骤参见第 132 页第七章实验三的相关内容。

笔　记

【思考题】

（1）CHO 表达和大肠杆菌表达的重组蛋白有何区别？

（2）阐述 CHO 表达系统和大肠杆菌表达系统的优缺点。

本章参考文献

华子春. 2011. 蛋白质高效表达技术. 北京：化学工业出版社：146.

李成媛，张晶晶，钱凯，等. 2016. 人血清白蛋白－干扰素 α2b 融合蛋白在 CHO 细胞中的表达. 中国生物工程杂志，36（7）：7-14.

李瑶. 2015. 细胞生物学. 北京：化学工业出版社：442.

申烨华，耿信笃. 2000. CHO 细胞表达系统研究新进展. 中国生物工程杂志，20（4）：23-25.

宋小平. 2013. 微生物发酵和动物细胞培养制药实用技术. 合肥：安徽科学技术出版社.

王亚男，马丹炜. 2016. 细胞生物学实验教程（第 2 版）. 北京：科学出版社：214.

Peng L, Yu X, Li C, et al. 2016. Enhanced recombinant factor Ⅶ expression in Chinese hamster ovary cells by optimizing signal peptides and fed-batch medium. Bioengineered, 7 (3): 189-197.

Xu D, Wan A, Peng L, et al. 2017. Production of human mutant biologically active hepatocyte growth factor in Chinese hamster ovary cells. Prep Biochem Biotechnol, 47 (5): 489-495.

第九章　原料药的质量评价

根据《中国药典》的要求，药物研发涉及化学、制造和质量控制（chemical，manufaturing and control，CMC）等生产关联重要质量指标的检测。重组人干扰素 α2b 原液的质量标准见下表。

检验依据：2015 版《中国药典》三部及企业内控标准

名称		重组人干扰素 α2b 原液		
序号　项目	标准	2015 版《中国药典》三部	内控标准	备注
1	效价	细胞病变抑制法	细胞病变抑制法	
2	蛋白含量	用 Lowry 法测定	用 Lowry 法测定	
3	比活性	应不低于 1.0×10^8 IU/mg	应不低于 1.0×10^8 IU/mg	
4	纯度　电泳法	非还原型 SDS-PAGE 法，银染法加样量不低于 5 μg，考染法加样量不低于 10 μg，经扫描仪扫描纯度应不低于 95.0%	非还原型 SDS-PAGE 法，银染法加样量不低于 5 μg，考染法加样量不低于 10 μg，经扫描仪扫描纯度应不低于 95.0%	
5	高压液相法	上样量不低于 20 μg，用 $\lambda_{280 nm}$ 检测，主峰面积应不低于总面积 95.0%	上样量不低于 20 μg，用 $\lambda_{280 nm}$ 检测，主峰面积应不低于总面积 95.0%	
6	分子质量	还原型 SDS-PAGE 法：加样量不低于 1.0 μg，应为（19.2±1.92）kDa	还原型 SDS-PAGE 法：加样量不低于 1.0 μg，应为（19.2±1.92）kDa	
7	外源性 DNA 残留量	含量应不高于 10 ng/300 万 IU	含量应不高于 1 ng/300 万 IU	
8	宿主菌蛋白残留量	酶联免疫法，应不高于总蛋白质的 0.10%	酶联免疫法，应不高于总蛋白质的 0.10%	
9	残余抗生素活性	不应有残余氨苄西林活性	不应有残余氨苄西林活性	
10	细菌内毒素含量	<10 EU/300 万 IU	<0.5 EU/300 万 IU	
11	等电点	主区带应为 4.0～6.7	主区带应为 4.0～6.7	
12	紫外光谱扫描	最大吸收波长应为（278±3）nm	最大吸收波长应为（278±3）nm	
13	肽图	与对照品图形一致	与对照品图形一致	每半年 1 次

续表

序号	项目 \ 名称 \ 标准	重组人干扰素 α2b 原液		备注
		2015 版《中国药典》三部	内控标准	
14	N 端氨基酸序列	N 端序列为：Cys-Asp-Leu-Pro-Glu-Thr-His-Ser-Leu-Gly-Ser-Arg-Arg-Thr-Leu	N 端序列为：Cys-Asp-Leu-Pro-Glu-Thr-His-Ser-Leu-Gly-Ser-Arg-Arg-Thr-Leu	每年 1 次
15	无菌试验		按 2015 版《中国药典》三部（附录ⅫA）进行，应符合规定	

以大肠杆菌表达和纯化的重组人干扰素 α2b 为实验材料，对其进行含量、纯度，以及生物活性的质量评价。通过该系统的学习，使学生理解生物药物基本的生产工艺流程，并掌握相关的方法学，有利于提高学生的综合实验技能，为培养学生的实践创新能力打下基础。

实验一 纯化样品的蛋白质含量和纯度的检测

【实验目的】

（1）掌握考马斯亮蓝染色法检测蛋白质含量的原理及方法。

（2）掌握还原型和非还原型 SDS-PAGE 检测蛋白质纯度的原理及方法。

【实验原理】

考马斯亮蓝 G250 能与蛋白质的疏水区相结合，并具有高敏感性。当考马斯亮蓝 G250 与蛋白质结合形成复合物时，溶液的颜色由原来的棕红色转变为蓝色，其最大吸收峰由原来的 465 nm 改变为 595 nm，其高消光效应导致了蛋白质定量测定的高敏感度。在一定范围内，其吸光度与蛋白质含量呈线性相关，故而被广泛应用于蛋白质浓度的测定。

SDS-PAGE 有非还原型 SDS-PAGE 和还原型 SDS-PAGE 之分，均是变性条件下的电泳。两者区别是在样品处理时加或不加还原剂［如二硫苏糖醇（DTT）、β- 巯基乙醇等］。非还原样品处理时，只加入十二烷基磺酸钠（SDS），而不加 DTT 等还原剂，此时二硫键不能断裂，所以蛋白质没有完全去折叠，保持着一定的四级结构。非还原 SDS 处理因为二硫键的链接，可能会引起几条多肽链连在一起，所以最后显示的分子质量比预期大，可能是 2 倍或 3 倍。

【重点提示】

（1）测定蛋白质含量方法有很多。①根据物理性质，有紫外分光光度法；②根据化学性质，有凯氏定氮法、双缩脲法、Folin-酚试剂法（Lowry 法）、BCA 法、胶体金法；③根据染色性质，有考马斯亮蓝染色法、银染法；④根据其他性质，有荧光法。

（2）阴离子去污剂 SDS 能与大多数蛋白质按一定比例结合，形成的 SDS-蛋白质复合物都带上了相同密度的负电荷，它的量远远超过了蛋白质分子原有的电荷量，以此消除了蛋白质原有的电荷差异，使蛋白质分子的迁移率主要取决于其自身的分子质量，而与所带的电荷无关。在一定条件下，蛋白质的分子质量的对数值与电泳迁移率呈负相关。

【实验仪器及材料】

1. 实验仪器

酶标仪，垂直电泳系统，脱色摇床。

2. 实验材料

重组人干扰素 α2b 纯化样品，考马斯亮蓝 G250 染色液，蛋白标准 BSA（5 mg/mL），SDS-PAGE 制胶缓冲液，SDS-PAGE 电泳缓冲液，SDS-PAGE 上样缓冲液（非还原），染色液，脱色液。

【实验步骤】

1. 考马斯亮蓝染色法检测蛋白质含量

笔　记

（1）取 10 μL 蛋白标准 BSA 稀释至 100 μL，使终浓度为 0.5 mg/mL。

（2）将标准品按表 9-1 的配方配制 0～0.5 mg/mL 的标准浓度。

表 9-1　考马斯亮蓝染色法 BSA 标准曲线

编号	BSA 终浓度 /（mg/mL）	蛋白标准 BSA 体积 /μL	标准品稀释液 /μL	$A_{595\ nm}$
标 1	0	0	20	
标 2	0.025	1	19	
标 3	0.05	2	18	
标 4	0.1	4	16	
标 5	0.2	8	12	
标 6	0.3	12	8	
标 7	0.4	16	4	
标 8	0.5	20	0	

（3）选取实验过程样品，做两个稀释度的蛋白浓度检测：一是取留样原液 20 μL 加入到 96 孔板中；二是做适当倍数稀释（以标准品稀释液为溶剂）后，取 20 μL 加入到 96 孔板中，数据按表 9-2 格式记录。

（4）各孔加入 200 μL 考马斯亮蓝 G250 染色液，室温放置 3～5 min。

（5）用酶标仪测定 $A_{595\,nm}$，或 $A_{560\,nm}～A_{610\,nm}$，填写表 9-1 和表 9-2。

（6）根据表 9-1，以蛋白标准 BSA 的浓度为横坐标、相应的吸光值为纵坐标，作标准曲线，R^2 应在 0.99 以上。

（7）根据得出的标准曲线线性方程计算样品浓度，进而计算蛋白总量及各步骤蛋白得率。

表 9-2　蛋白质纯化过程中各步骤蛋白质浓度及得率计算

实验步骤	原浓度样品（$n=1$）			稀释 n 倍样品			该步样品总体积 (V) /mL	蛋白质总量 ($B*n*V$) /mg	提取得率 /%
	$A_{595\,nm}$		蛋白质浓度	$A_{595\,nm}$		蛋白质浓度			
	1	2	平均 (B) / (mg/mL)	1	2	平均 (B) / (mg/mL)			

2. 还原型 SDS-PAGE 检测蛋白质纯度

（1）样品处理：样品为纯化各步骤实验留样，取蛋白质样品与 5× 上样缓冲液（20 μL＋5 μL）在一个 EP 管中混匀，100℃加热 5～10 min，离心，取上清点样。

（2）制胶：按说明书配制 15% 分离胶，立即覆一层异丙醇（500 μL 左右），室温静置 30 min。将上层异丙醇倾去，滤纸吸干，再按说明书配制 5% 浓缩胶，插入样品梳，室温静置 30 min。

（3）待胶完全凝固后，上样，每孔 20 μL 样品，Marker 上样 5 μL。100 V 电泳 20 min 左右至分离胶界面，150 V 电泳约 40 min 至胶前沿，停止电泳。

（4）剥胶，将胶置染色液中，室温染色 1～2 h，回收染色液。脱色至完全脱净。

（5）拍照并分析。

3. 非还原型 SDS-PAGE 检测目标蛋白纯度

取重组人干扰素纯化样品 5 μL，与 5× 非还原型上样缓冲液 20 μL 在一个 EP 管中混匀，100℃加热 5～10 min，离心，取上清点样。

【注意事项】

将上样缓冲液改为非还原型上样缓冲液，其他操作步骤与还原型 SDS-PAGE 相同。

【思考题】

（1）利用蛋白质的呈色反应来检测蛋白质含量的方法有哪些？比较它们的优缺点。

（2）试述非还原型电泳和还原型电泳的区别。

实验二　纯化样品的生物学活性测定

【实验目的】

（1）学习哺乳动物细胞培养的无菌操作。

（2）学习人羊膜细胞（WISH）细胞的培养技术。

（3）掌握细胞病变抑制法检测原料药的生物学活性的原理与方法。

【实验原理】

干扰素能刺激人羊膜细胞产生某些抗病毒蛋白，从而保护人羊膜细胞免受水泡性口炎病毒（VSV）的感染。用结晶紫对存活的人羊膜细胞进行染色，在 570 nm 波长处测定其吸光度值，可得到干扰素对人羊膜细胞的保护效应曲线，以此测定干扰素的生物学活性。

【重点提示】

（1）结晶紫是一种碱性染料，可以和细胞核中的 DNA 结合，从而产生细胞核染色。无论活细胞还是死细胞都可以染色。

（2）除结晶紫染色法外，其他检测细胞活性的方法还包括 MTT 法、CCK-8 法等。目前的检测方法中 MTT 法是较为经典也是最常用的方法，其操作步骤相对简单，结果准确性也相对可靠。

【实验仪器及材料】

1. 实验仪器

酶标仪，二氧化碳培养箱，倒置显微镜，离心机。

2. 实验材料

重组人干扰素 α2b 纯化样品；完全培养液：1640 培养基（含 10% 新生牛血清）；测定培养液：1640 培养基（含 7% 新生牛血清）；攻毒培养液：1640 培养基（含 3% 新生牛血清）；0.25% 胰蛋白酶消化液；PBS 缓冲液染色液：取结晶紫 50 mg，加无水乙醇 20 mL 溶解后，加水稀释至 100 mL；脱色液：取无水乙醇 50 mL、乙酸 0.1 mL，加水稀释至 100 mL；重组人干扰素 α2b 标准品。

【实验步骤】

笔 记

1. 人羊膜细胞的培养技术

1）人羊膜细胞的复苏　　迅速将冷冻管取出，立即投入 38～40℃ 温水中并充分摇动，使其迅速融化，一般 1 min 左右即可完成。在超净工作台内，将细胞悬液移至含 5 mL 培养液的离心管内 1000 r/min 离心 5 min，弃上清液，加入 5 mL 含 20% 新生牛血清的培养液，吸管轻轻吹打悬浮细胞。将细胞悬液移入培养瓶内，置 37℃ 温箱培养。次日更换成完全培养液后再继续培养。

2）人羊膜细胞的传代培养　　在做传代细胞培养之前，首先将在显微镜下观察培养瓶中细胞是否已长成致密单层，如果细胞汇集达到 80%～90%，即可进行细胞的传代培养。其步骤如下。

（1）在超净工作台中打开培养瓶盖，弃去细胞培养上清液，然后加入 2～3 mL 的 PBS 液，轻轻摇动，以除去悬浮在细胞表面的碎片，将溶液倒去。

（2）消化。在上述瓶中加入适量经 37℃ 预温的 0.25% 的胰蛋白酶消化液，以覆满细胞为宜，置于室温，停留 2～3 min 后，倒置相差显微镜下观察细胞单层，待细胞基本都变圆时，即可倒去消化液，直接进入下一步操作。如在消化过程中见大片细胞脱落，表明消化过度，则不能倒去消化液，需加入等量的培养液，用吸管有序地吹打瓶壁细胞，收集消化下来的细胞归入离心管中，1000 r/min 离心 5 min，弃去上清液再进入下一步。

（3）传代培养。在培养瓶中加入约 3 mL 完全培养液以终止消化。用吸管轻轻吹打瓶壁，直至贴壁的细胞全部被冲洗下来，轻轻吹打混匀，防止产生气泡，制成细胞悬液，按 1∶3 的比例进行细胞传代，再向瓶中补加完全培养液到 5 mL。也可以取细胞悬液计数，分别按照需要的细胞浓度接种到其他的培养瓶中（单层细胞培养接种浓度一般为 $1\times10^5\sim1\times10^6$/mL，可根据不同类型细胞和实验要求来确定接种浓度），再补足培养液。分装好的细胞瓶上做好标志，注明细胞代号、日期，轻轻摇动，以使细胞均匀分布，以免细胞堆积成团，然后置于 CO_2 培养箱中培养。

2. 细胞病变抑制法检测重组人干扰素 α2b 的生物学活性

1）铺板

（1）胰酶消化收集生长良好的人羊膜细胞，制成 5 mL 细胞悬液（以完全培养液重悬），将细胞充分吹散。

（2）细胞计数。首先用移液管取待稀释的细胞悬液 500 μL 于离心管中，从上述 1.5 mL 离心管中，用移液枪吸取 20 μL 细胞悬液至新的 1.5 mL 离心管中，加入等体积台盼蓝染色液（即将细胞稀释 2 倍），混匀。

将盖玻片放在血细胞计数板上。用移液枪取 20 μL 待测细胞悬液，沿盖玻片边缓缓加入，当溶液充满计数板和盖玻片之间的空隙时停止加入。注意不要使液体流到旁边的凹槽中或带有气泡，否则重做。

在显微镜下，用低倍镜进行观察计数。

计数方法：计算计数板的四角封闭的大方格（每个大方格又分 16 个小方格）内的细胞数。计数时，遵循计上不计下、计左不计右的原则，若有聚成一团的细胞则按一个细胞进行计数。二次重复计数误差不应超过 ±5%。

计数的换算：计完数后，换算出细胞原液的密度。

由于计数板中的每大格体积为 0.0001 cm³，即 0.1 mm³。故可按下式计算：

原细胞悬液细胞数 /mL ＝ 4 个大格细胞总数 /4×10 000×2（稀释倍数）

（3）接种。将细胞配制成 1.0×10^5 个 /mL 的细胞浓度，共 10 mL。每孔 100 μL 接种于 96 孔板中，37℃、5% 二氧化碳浓度条件下培养过夜。

2）检测 将标准品用测定培养液稀释至 1 mL 含

10 000 IU，在 1.5 mL 离心管中，分别 5 倍系列稀释，共 11 个梯度，每个稀释度做 4 孔。每孔 100 μL 加入到已生长的 WISH 细胞中，37℃、5% 二氧化碳浓度条件下培养 24 h。

将供试品用测定培养液按 1/10～1/100 稀释 1 mL 备用，分别 5 倍系列稀释，共 11 个梯度，每个稀释度做 4 孔。每孔 100 μL 加入到已生长的 WISH 细胞中，37℃、5% 二氧化碳浓度条件下培养 24 h。

用移液枪小心吸去 96 孔板中的培养上清，再每孔加 100 μL 的 10^{-3} 稀释的 VSV 病毒 [攻毒培养液稀释至 100CCID$_{50}$（cell culture infective dose 50%，细胞培养半数感染量）]，37℃、5% 二氧化碳浓度条件下培养 24 h。

移液枪去除上清，每孔加 50 μL 的结晶紫染色液，室温静置染色 30 min。

用流动水小心去除染色液，并用移液枪吸去残余的液体。每孔加入脱色液 100 μL，室温静置脱色 3～5 min。混匀后，用酶标仪以 630 nm 为参比波长，在 570 nm 波长下测吸光度，记录测定数据。

结果计算：

$$供试品生物学活性（IU/mL）= P_r \times \frac{D_s \times E_s}{D_r \times E_r}$$

式中，P_r 为标准品生物学活性，IU/mL；D_s 为供试品预稀释倍数；D_r 为标准品预稀释倍数；E_s 为供试品相当于标准品半效量的稀释倍数；E_r 为标准品半效稀释倍数。

比活性为生物学活性与蛋白质含量之比，每 1 mg 蛋白质应不低于 1.0×10^8 IU。

【注意事项】

（1）吹散细胞后可在显微镜下观察，呈单细胞悬液后再进行下一步操作。若细胞成团，则影响计数和铺板结果。

（2）注意不要将水流正对着孔底的细胞冲洗，避免细胞脱落，影响实验结果。

【思考题】

（1）哺乳动物细胞培养过程中应注意哪些事项？

（2）阐述 VSV 病毒的保存条件及其使用注意事项。

实验三　纯化样品的免疫印迹实验

【实验目的】

掌握 Western blot 检测的原理及方法。

【实验原理】

蛋白质印迹法（免疫印迹试验）即 Western blot，是根据抗原抗体的特异性结合检测复杂样品中的某种蛋白质的方法。它是将电泳分离后的细胞或组织总蛋白从凝胶转移到固相支持物 NC 膜或 PVDF 膜上，然后用特异性抗体检测某特定抗原的一种蛋白质检测技术，可检测 1~5 ng 的蛋白质，其检测原理示意图如图 9-1 所示。该技术现已广泛应用于基因在蛋白水平的表达研究、抗体活性检测和疾病早期诊断等多个方面。

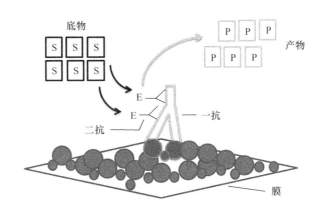

图 9-1　Western blot 检测原理示意图

【重点提示】

免疫印迹法具有下列优点：①操作简单；②样品需求量少，具有高度灵敏性；③定性和半定量待检样品；④实验结果直观易分析；⑤通过免疫探针洗涤，可进行二次杂交分析检测。

【实验仪器及材料】

1. 实验仪器

转印仪，垂直电泳系统等。

2. 实验材料

重组人干扰素 α2b 纯化样品；人血清白蛋白和干扰素 α2b 融合蛋白纯化样品；重组人干扰素 α2b 抗体（一抗、二抗）；硝酸纤维素膜；SDS-PAGE 制胶缓冲液；SDS-PAGE 电泳缓冲液；SDS-PAGE 上样缓冲液（还原）；转移缓冲液：3 g Tris，14.4 g 甘氨酸，200 mL 甲醇，定容至 1 L；TBST：Tris 1.12 g，NaCl 8.8 g，HCl 调 pH 至 7.5，定容至 1 L，0.05% Tween-20；封闭液：0.5 g 脱脂奶粉，10 mL TBST（现配现用）；一抗稀释液：按 1∶500 比例稀释一抗原液；二抗稀释液：按 1∶1000 比例稀释二抗原液；HRP-DAB 底物显色试剂盒或 ECL 显色液。

【实验步骤】

笔 记

（1）根据 SDS-PAGE 结果，筛选表达量较大的菌株样品，作为 Western blot 的实验样品。

（2）将待检测样品进行 15% 胶浓度的还原型 SDS-PAGE，蛋白上样量控制在 2～5 μg。

（3）电泳结束后，将胶小心剥下，将滤纸、纤维垫、硝酸纤维膜按正确顺序装好，−20℃浸泡于转移缓冲液 40 min。

（4）装好转移电泳盒，放入转子、冰盒，接好电源，在磁力搅拌器上 100 V 恒压转移 1 h。

（5）转移完成后拆去转移装置，揭下膜，置抗体孵育盒中。

（6）加入封闭液，4℃过夜。

（7）弃封闭液，TBST 洗膜 1 次 10 min，然后加入 5 mL 一抗稀释液，置于水平摇床上室温缓慢摇动 2 h，避免产生气泡。

（8）回收一抗，TBST 洗膜 3 次，每次 10 min，然后加入二抗稀释液，置于水平摇床上室温缓慢摇动 1 h，避免产生气泡。

（9）弃二抗稀释液，TBST 洗膜 3 次，每次 10 min，在暗室按 HRP-DAB 底物显色试剂盒说明要求显色或用 ECL 显色液显色。

（10）拍照并分析。

【注意事项】

（1）所有样品的蛋白上样量需统一，这样有利于最终显色结果的分析和比较。

（2）在冰浴条件下转膜，有利于提高转膜效率。转膜的电压和时间需根据蛋白质的分子质量大小而定，两者呈正相关。

【思考题】

（1）15% 胶浓度的还原型 SDS-PAGE 适合分离多少相对分子质量范围的蛋白质？

（2）封闭液的作用是什么？不加封闭液会产生怎样的结果？

实验四 纯化样品的外源 DNA 残余量检测

【实验目的】

掌握外源 DNA 残余量检测的原理及方法。

【实验原理】

近些年来，生物制剂已成为制药行业中发展最快的领域，2014 年全球十大畅销药中有 7 个是生物制剂。除了生物活性外，监管部门对生物药品中杂质的限量要求非常严格，因为绝大部分生物制剂给药方式是不经过胃肠道直接进入体内的。在杂质的检测指标中，宿主细胞残留 DNA 因为具有特别的潜在安全风险，在国内外一直是药品监管机构关注的重点。

宿主细胞残留 DNA 是生物制品从生产过程中带来的杂质，存在一定的安全隐患。WHO 和各国药物注册监管机构一般只允许生物制剂中存在 100 pg/ 剂量以下的残留 DNA。根据杂质来源和工艺的差异，在特殊情况下最高也只能允许 10 ng/ 剂量。

本实验采用 PicoGreen® dsDNA 定量分析，Picogreen 仅在与 DNA 双链结合后才发出荧光，且所产生的荧光与 DNA 浓度成正比，在存在 ssDNA、RNA 和单体核苷酸的条件下，可以选择性地检测低至 25 pg/mL 的 dsDNA。该分析在三个数量级范围内呈线性，且几乎无序列依赖性，可以精确地测量多个来源的DNA，包括基因组 DNA、病毒 DNA、小量提取 DNA 或 PCR 扩增产物。

【重点提示】

其他常用的检测核酸的方法有：①紫外吸光法（$A_{260\,nm}$），该法操作简便，但 DNA 样品中核苷酸、单链 DNA、RNA 和蛋白质对紫外吸收信号影响较大，容易受到核酸样品中污染物的干扰，不能区分 DNA 和 RNA，而且灵敏度偏低；②探针杂交法，该法是传统检测微量 DNA 的常用方法，基本能满足目前疫苗和治疗性生物制品的检测需求，但是该法耗时较长，操作烦琐，稳定性、敏感性和特异性较差；③Hoechst33258 染料法，该法是一种一定程度上特异于双链 DNA 的核酸染料，基本不受蛋白质的干扰，可以检测低至 10 ng/mL 的 DNA。

【实验仪器及材料】

1. 实验仪器

荧光分光光度计等。

2. 实验材料

纯化样品；外源 DNA 残余量检测试剂盒（Quant-iT ™ PicoGreen ® dsDNA Reagent and Kits，Invitrogen P7589）。

【实验步骤】

笔 记

（1）先将样品 DNA 稀释到 100 ng/mL，每组 250 μL。用工作浓度的 TE（10 mmol/L Tris-HCl，1 mmol/L EDTA，pH 7.5）将标准 DNA 稀释到 0 ng/mL、1 ng/mL、2.5 ng/mL、5 ng/mL、10 ng/mL、15 ng/mL、20 ng/mL、25 ng/mL、50 ng/mL 的浓度。

（2）分别加各浓度样品和待检样品 100 μL 于荧光 96 孔板中，设立两组平行实验。

（3）避光条件下加工作浓度的 Quant-iT^{TM} PicoGreen® dsDNA 试剂 100 μL，避光反应 3～5 min。

（4）荧光酶标仪下，激发光为 480 nm、接收光为 520 nm 下检测吸光值。

（5）记录与分析。

【注意事项】

（1）在样品中 DNA 浓度无法估算的情况下，可多设置几个梯度，以免待检品 DNA 含量超出检测限。

（2）由于 PicoGreen 是荧光染料，在光照下荧光易猝灭，因此需要在避光条件下进行反应。可用不透光的锡箔纸盖住孔板或在暗室中进行实验。

【思考题】

（1）采用该方法检测外源 DNA 残余量的过程有哪些注意事项？

（2）简述其他用于检测外源 DNA 残余量的方法，并分析其优劣。

实验五　纯化样品的宿主菌蛋白质
残留量检测

【实验目的】

掌握酶联免疫法测定大肠杆菌表达系统生产的重组人干扰素 α2b 中残留菌体蛋白含量的原理及方法。

【实验原理】

宿主细胞蛋白（host cell protein，HCP）是指病毒性疫苗和基因工程药物中来源于宿主细胞的蛋白质成分，包括宿主细胞结构蛋白和转化蛋白。HCP 的存在有可能诱导机体产生抗 HCP 的抗体，从而引发过敏反应，也可能产生"佐剂效应"，从而使机体对蛋白质药物产生抗体，最终影响药物的疗效。因此，定量测定病毒性疫苗和基因工程药物中残留的 HCP 是质量控制的一种重要手段，有助于保持纯化工艺的有效性和一致性。

本实验采用 Cygnus 公司生产的大肠杆菌宿主残留蛋白检测试剂盒来检测重组人干扰素 α2b 纯化样品的宿主菌蛋白质残留。该方法是一个双位点酶联免疫检测。样本中包含的 HCP 蛋白与标记有抗 -*E.coli* 抗体的辣根过氧化物酶同时反应，反应在之前涂有一层吸附性抗 -*E.coli* 蛋白抗体的微量滴定板中进行。免疫反应构成为夹层式结构，即固相抗体 -HCP- 酶标记抗体。反应结束后清洗微量滴定板去除未结合反应物。添加 TMB 作用底物反应。微量滴定板读数器上测定水解物浓度，水解物浓度与 *E.coli* HCP 蛋白浓度成比例。用标准液绘制标准曲线，根据读数可以计算出 *E.coli* HCP 蛋白含量。

【重点提示】

（1）目前已建立的 HCP 检测方法包括：中国仓鼠卵巢细胞（CHO）的 HCP 检测、鸡胚细胞卵清蛋白含量检测、Vero 细胞的 HCP 检测、大肠杆菌的 HCP 检测、酵母菌的 HCP 检测等。

（2）最初用于大肠杆菌 HCP 检测的方法是 SDS-PAGE 银染和蛋白质免疫印迹，后来逐步发展为酶联免疫法，即 ELISA 法。

【实验仪器及材料】

1. 实验仪器
酶标仪等。

2. 实验材料
重组人干扰素 α2b 纯化样品；大肠杆菌宿主残留蛋白检测试剂盒（Cygnus，

F410）等。

【实验步骤】

（1）取出所有试剂平衡至室温。

（2）分别移取 25 μL 大肠杆菌宿主细胞 ELISA 检测试剂盒标准液、对照物和样品至待测孔。

（3）移取 100 μL 抗 -*E.coli*：HRP 至每孔。

（4）密封滴定板，摇床室温温育，90 min，180 r/min。

（5）清空小孔，用纸吸干残留液，350 μL 清洗缓冲液清洗 4 次。

（6）加 100 μL TMB 作用物，室温静置 30 min，不需摇床。

（7）加 100 μL 反应终止液，于酶标仪 450 nm/650 nm 检测吸光值。

（8）记录与分析。

【注意事项】

（1）清洗时请注意，枪头不能碰到孔板底部，动作轻柔，否则会影响实验结果。

（2）终止液是 0.5 mol/L 的 H_2SO_4，避免接触眼睛、皮肤及衣物等。

【思考题】

（1）采用该方法检测宿主蛋白质残留量的过程有哪些注意事项？

（2）基因工程药物中 HCP 对药物的安全性和有效性有哪些方面的影响？

实验六　纯化样品的细菌内毒素检测

【实验目的】

掌握显色基质鲎试剂盒快速凝胶法检测纯化样品内毒素残留的原理及方法。

【实验原理】

细菌内毒素是一种外源性致热原，可激活中性粒细胞释放出内源性热原物质，该物质作用于体温调节中枢后引起发热。细菌内毒素主要具有以下生物活性：①致热性；②致死性毒性；③白细胞减少；④ Shwartzman 反应；⑤降低血压、休克；⑥激活凝血系统；⑦诱导对内毒素的耐受性；⑧鲎细胞溶解物（鲎试剂）的凝集；⑨刺激淋巴细胞有丝分裂；⑩诱导抗感染的特异性抵抗力；⑪肿瘤细胞坏死作用。当内毒素通过消化道进入人体时并不产生危害，但通过注射等方式进入血液时则会引起不同的疾病。小量内毒素进入血液后可以被肝脏库普弗细胞灭活，并不会对机体造成损害。但当大量内毒素进入血液后就会引起发热反应，即"热原反应"。因此，包括生物制品类药物、化学类药物、放射性药物、抗生素类、疫苗类、透析液等注射用制剂，以及医疗器材类，如一次性注射器、植入性生物材料等，都必须经过细菌内毒素检测试验合格后方能投入使用。

鲎试剂为鲎科动物东方鲎的血液变形细胞溶解物的冷冻干燥品，鲎试剂中包含有C因子、B因子、凝固酶原、凝固蛋白原等。在适宜的温度和pH条件下，细菌内毒素通过激活C因子从而引发一系列酶促反应，激活凝固酶原形成凝固酶，凝固酶再分解人工合成的显色基质，使其分解为多肽和黄色的对硝基苯胺（pNA），其最大吸收波长为405 nm。在一定时间内，pNA的生成量与细菌内毒素浓度呈正相关，以此可以定量供试品的内毒素浓度。同时，对硝基苯胺也可用偶氮化试剂染成玫瑰红色，其最大吸收波长为545 nm，这样可以避免供试品本身的颜色对405 nm处吸收峰的干扰。

【重点提示】

（1）热源反应是指临床上在进行静脉滴注大量输液时，由于药液中含有热原，患者在0.5～1 h内出现以下症状：冷颤、高热、出汗、昏晕、呕吐等，高热时体温可达40℃，严重者甚至发生休克现象。

（2）进行细菌内毒素检测的方式主要包括两种，即凝胶法和光度测定法。光度测定法还包括浊度发和显色基质法。检测时可以使用其中任何一种方法，当测定结果存在争议时，除另有规定外，以凝胶法为准。本实验采用光度法测定。

【实验仪器及材料】

1．实验仪器

恒温水浴锅，分光光度计等。

2．实验材料

纯化样品；显色基质鲎试剂盒：鲎试剂、细菌内毒素工作品、显色基质、偶氮化试剂（1、2、3）、反应终止剂HCl、细菌内毒素检查用水；无热原试管、无热原吸头、移液器、试管架、水浴锅等。

【实验步骤】

1．pH

供试品pH调至6～8（0.5 mol/L NaOH）。

笔　记

2．细菌内毒素标准溶液配制

标准曲线所采用的内毒素浓度可以为0.01 EU/mL、

0.025 EU/mL、0.05 EU/mL、0.1 EU/mL 或 0.15 EU/mL、0.25 EU/mL、0.5 EU/mL、1.0 EU/mL，具体选择何种稀释比例根据实际情况而定。稀释方法如下（以 0.1 EU/mL、0.25 EU/mL、0.5 EU/mL、1.0 EU/mL 为例）：取细菌内毒素工作品 1 支，按细菌内毒素工作品使用说明书将母液稀释为 10 EU/mL，溶剂为细菌内毒素检查用水，再一次将母液稀释为 1.0 EU/mL 的内毒素溶液，以 1.0 EU/mL 的内毒素溶液为起始溶液稀释成 0.1 EU/mL、0.25 EU/mL、0.5 EU/mL、1.0 EU/mL 的浓度梯度。设置阴性对照为细菌内毒素检查用水。

3. 鲎试剂、显色基质、偶氮化试剂等的溶解

鲎试剂：将细菌内毒素检查用水按照标示量加入鲎试剂中，轻轻振摇使鲎试剂完全溶解。

显色基质：将细菌内毒素检查用水按照标示量加入显色基质中，轻轻振摇使显色基质完全溶解。显色基质溶液在 4℃贮存 8 h 以内均可使用。

偶氮化试剂 1：将反应终止剂 HCl 按照标示量加入偶氮化试剂 1 中。

偶氮化试剂 2：将细菌内毒素检查用水按照标示量加入偶氮化试剂 2 中。

偶氮化试剂 3：将细菌内毒素检查用水按照标示量加入偶氮化试剂 3 中。

所有偶氮化试剂溶液可于 4℃贮存 1 周。

4. 检测

（1）取无热原试管，加入 100 μL 细菌内毒素检查用水、内毒素标准溶液，或供试品。

（2）再加入 100 μL 鲎试剂溶液，混匀，37℃温育。

（3）温育结束，加入 100 μL 显色基质溶液，混匀，37℃温育。

（4）温育结束，加入 500 μL 偶氮化试剂 1 溶液，混匀，加入 500 μL 偶氮化试剂 2 溶液，混匀加入 500 μL 偶氮化试剂 3 溶液，混匀，静置 5 min。

（5）于 545 nm 波长处读取吸光度值。

5. 数据处理与分析

建立标准曲线：

$$Y = bX + a$$

式中，Y 为 545 nm 处吸光值；X 为内毒素的浓度；b 为直线斜率；a 为 y 轴截距。当实验数据同时满足以下三个条件时实验才有效：

（1）标准曲线的相关系数≥0.980；

（2）标准曲线最低点的 Y 值大于阴性对照的 Y 值；

（3）供试品平行管的平均值在标准曲线的范围内。

【注意事项】

（1）配制好的内毒素标准溶液应在 4 h 内用完。

（2）不要用涡旋混匀仪等仪器剧烈振摇，溶解的鲎试剂应在 10 min 内用完。

【思考题】

（1）采用该方法检测细菌内毒素的过程有哪些注意事项？

（2）对药品进行细菌内毒素检验的意义是什么？

实验七　纯化样品的紫外光谱检测

【实验目的】

掌握运用紫外光谱仪检测纯化样品的原理及方法。

【实验原理】

紫外光谱检测是利用物质对不同波长光的选择吸收现象对物质进行定性和定量分析的一种检测手段，通过对吸收光谱的分析，判断物质的结构及化学组成。应用紫外光谱仪，使紫外光依次照射样品，分别测吸收度，以吸收波长（nm）对吸收强度（吸光度 A 或摩尔吸收系数 ε）作图所得到吸收曲线，即紫外光谱图。紫外光谱检测主要应用于化合物鉴定、纯度检查、异构物确定、氢键强度测定、位阻作用测定，以及其他相关的定量分析，但该检测方法通常只是一种辅助的分析手段，还需借助其他分析方法，如红外、核磁等综合方法对待测物进行分析，才能得到精准的数据。

《中国药典》规定，在光路 1 cm、波长 230～360 nm 下进行扫描，重组人干扰素 α2b 最大吸收峰波长应为（278±3）nm。

【重点提示】

（1）红外光谱法是一种根据分子内部原子间的相对振动和分子转动等信息来确定物质分子结构及鉴别化合物的分析方法。其原理是：当一束具有连续波长的红外光通过某种物质，物质分子中某个基团的振动频率或转动频率与红外光的频率一样时，分子就吸收能量，由原来的基态振（转）动能级跃迁到能量较高的振（转）动能级，分子吸收红外辐射后发生振动和转动能级的跃迁，该处波长的光就被物质吸收。

（2）核磁共振（nuclear magnetic resonance，NMR）是处于静磁场中的原子核在另一交变磁场作用下发生的物理现象。通常所说的核磁共振是指利用核磁共振原理获取分子结构和人体内部结构信息，即磁共振成像技术。

【实验仪器及材料】

1. 实验仪器

紫外可见光谱仪等。

2. 实验材料

纯化样品，超纯水等。

【实验步骤】

（1）将样品浓度用水稀释到 300 μg/mL 的浓度。

（2）以水为参比样，光路为 1 cm 下，利用紫外可见光谱仪，在波长 250～360 nm 下扫描检测吸光度，判断最大吸收峰波长。

【注意事项】

提前将紫外可见光谱仪开机预热。

【思考题】

（1）紫外可见光谱仪的工作原理是什么？

（2）紫外可见光谱在生产和科研中还有哪些方面的应用？

本章参考文献

中国药典委员会. 2015. 中华人民共和国药典 2015 年版二部. 北京：中国医药科技出版社.

第十章 重组人干扰素 α2b 制剂的制备及质量评价

根据《中国药典》的要求，药物研发涉及 CMC 等生产关联重要质量指标的检测。重组人干扰素 α2b 成品的质量需要符合"生物制品分装和冻干规程"及通则有关规定的指标检查。结合上述各章节生物制药模块的综合实验内容的系统学习，使学生理解生物技术药物研发阶段的相关实验内容及生产工艺过程，包括分子生物学实验、微生物培养与发酵工艺、毕赤酵母培养与发酵工艺、CHO 细胞高密度培养与发酵工艺、蛋白质的分离纯化工艺、药物制剂工艺、药品的质量评价过程等。

实验一 注射用重组人干扰素 α2b 冻干粉针的制备与质量检查

【实验目的】

（1）熟悉注射用重组人干扰素 α2b 冻干粉针的检查项目及方法。

（2）掌握重组人干扰素 α2b 冻干粉针的制备原理与制备方法。

（3）掌握注射用冻干粉针制剂的质量控制实验项目与方法。

【实验原理】

重组人干扰素 α2b 临床上主要应用于抗肿瘤、抗病毒、调节免疫反应，但由于它是一类蛋白类药物，若制成液体型制剂，存在稳定性差、保质期短的缺陷。

真空冷冻干燥技术是基于水的三态变化，将药物溶液在体系共熔点以下 10～20℃预冻成固体，然后真空条件下将水分从液态直接升华除去，从而达到干燥目的的技术（图 10-1）。

药理学研究表明，重组人干扰

扫码见彩图　　图 10-1　实验室小型冻干机

素 α2b 可与细胞表面受体结合诱导细胞产生多种抗病毒蛋白，抑制病毒在细胞内繁殖，提高免疫功能包括增强巨噬细胞的吞噬功能，增强淋巴细胞对靶细胞的细胞毒性和天然杀伤性细胞的功能，具有广谱抗病毒、抗肿瘤、抑制细胞增殖，以及提高免疫功能等作用。注射用重组人干扰素 α2b 冻干粉针可用于治疗一些病毒性疾病，如急慢性病毒性肝炎、带状疱疹等；也用于治疗一些肿瘤，如毛细胞性白血病、慢性髓细胞性白血病、多发性骨髓瘤、非霍奇金淋巴瘤、恶性黑色素瘤、卵巢癌等。

【实验仪器及材料】

1. 实验仪器

冻干机，扎盖机，灌装机等。

2. 实验材料

西林瓶，不同来源的人干扰素 α2b 原液，聚山梨酯 80，甘露醇，0.22 μm 微孔滤膜等。

【实验步骤】

笔 记

1. 冻干用溶液配制

1）处方组成

不同来源的人干扰素 α2b 原液	20 mL
聚山梨酯 80	0.01 g
甘露醇	2 g
注射用水加至	100 mL

2）操作　　按处方量称取甘露醇、聚山梨酯 80，加入 50 mL 注射用水，搅拌使溶解；向溶液中加入已纯化的人干扰素 α2b 原液 20 mL；搅拌混合后，向溶液中加注射用水至 100 mL。

用 0.22 μm 微孔滤膜过滤溶液，溶液过滤至经干热灭菌处理的三角瓶中。用无菌注射器转移已过滤溶液至 5 mL 规格西林瓶中，每支西林瓶灌装 2 mL，半压塞，共灌装 10 支西林瓶，冻干备用。

2. 冻干粉末制备

把装有溶液的半压塞西林瓶转移至冻干机中，按以下程序设置冻干曲线：预冻温度 -40℃，4 h；第一次升温（升华干燥阶段），-40～0℃，16 h；第二次升温（解析干燥阶段），0～35℃，4 h。

冻干结束后，立即压盖封瓶，防止样品吸潮、塌陷，轧盖机轧盖。

3. 冻干粉末的质量研究

依据《中国药典》2015 版规定的项目，对冻干粉末进行质量研究。

1）装量差异　　方法参照《中国药典》2015 版三部制剂通则 0102 注射剂"装量差异"法："除另有规定外，注射用冻干制剂的装量差异限度照下述方法检查，应符合规定。"

取供试品 5 瓶（支），除去标签、铝盖，容器外壁用乙醇洗净，干燥，开启时注意避免玻璃屑等异物落入容器中，分别迅速精密称定，倾出内容物，容器可用水、乙醇洗净，在适宜条件下干燥后，再分别精密称定每一容器的重量，求出每 1 瓶（支）的装量与平均装量。每 1 瓶（支）中的装量与平均装量相比较，应符合下列规定。如有 1 瓶（支）不符合规定，应另取 10 瓶（支）复试。

平均装量	装量差异限度 /%
0.05 g 以下至 0.05 g	±15
0.05 g 以上至 0.15 g	±10
0.15 g 以上至 0.50 g	±7
0.50 g 以上	±5

2）渗透压摩尔浓度　　参照《中国药典》2015 版三部渗透压摩尔浓度测定法（通则 0632）测定。

3）可见异物　　参照《中国药典》2015 版三部可见异物检查法（通则 0904）测定。

4）无菌　　参照《中国药典》2015 版三部无菌检查法（通则 1101）检查。

5）外观　　白色或微黄色疏松粉末；取 1 mL 注射用水复溶后，应为无色澄明液体。

【思考题】

根据实验数据完成一份干扰素 α2b 冻干粉针剂产品质量分析报告。

实验二　重组人干扰素 α2b
栓剂的制备及质量评价

【实验目的】

（1）掌握热熔法制备栓剂的工艺过程。

（2）掌握置换价测定方法、计算方式及应用。

【实验原理】

栓剂是指药物与适宜的基质混合后制成的、具有一定形状和重量的、专供腔道给药的固体制剂，在常温下应为固体，但遇体温时应能融熔或软化。栓剂既可以发挥局部作用，也可以发挥全身作用。目前，常用的栓剂有肛门栓（直肠栓）和阴道栓，肛门栓一般做成鱼雷形（图 10-2）或圆锥形，阴道栓有球形、卵形、鸭舌形等形状。

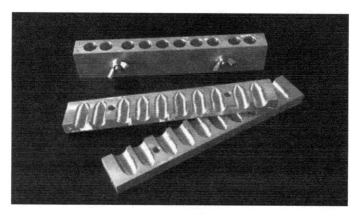

图 10-2　鱼雷状栓剂模具

栓剂的基本组成是药物和基质。常用基质可分为油脂性基质与水溶性基质两大类。常见的油脂类基质有可可豆脂、半合成脂肪酸酯、氢化植物油等，常见的水溶性基质有甘油明胶、聚氧乙烯硬脂酸酯（S-40）和聚乙烯二醇类等。某些基质中还可加入表面活性剂，使药物易于释放和被机体吸收。

栓剂的制备方法通常有三种，分别为搓捏法、冷压法和热熔法。脂溶性基质栓剂的制备可采用三种方法中的任何一种，而水溶性基质的栓剂多采用热熔法制备。

热熔法制备栓剂的工艺流程如下：

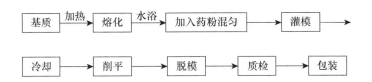

栓剂制备有以下几点需要注意。

（1）制备栓剂用的固体型原料药，除另有规定外，应制成全部通过六号筛（100 目）的粉末。

（2）为了使栓剂冷却后易从模具中推出，灌模前应在模具内壁涂适当润滑剂。水溶性基质涂油溶性润滑剂，如液体石蜡；油溶性基质涂水溶性润滑剂，如软皂乙醇液（软皂：甘油：90% 乙醇＝1∶1∶5）。

（3）置换价（f）为主药的重量与同体积基质重量的比值。例如，碘仿的可可豆脂置换价为 3.6，即 3.6 g 碘仿和 1 g 可可豆脂所占容积相等，但不同的栓剂处方用同一模型制得的容积是相同的，因此置换价即为药物的密度与基质密度之比值。对于药物与基质的密度相差较大及主药含量较高的栓剂，测定其置换价尤具有实际意义。当药物与基质的密度已知时，可用下式计算：

$$f=\frac{\text{药物密度}}{\text{基质密度}}$$

当基质和药物的密度未知时，可用下式计算：

$$f=\frac{W}{G-(M-W)}$$

式中，W 为每枚栓剂中主药的重量；G 为每枚纯基质栓剂的重量；M 为每枚含药栓剂的重量。根据求得的置换价，用下式计算出每枚栓剂中应加的基质量（E）为

$$E=G-\frac{W}{f}$$

由于重组人干扰素 α2b 具有广谱抗病毒作用，其抗病毒机制为通过干扰素同靶细胞表面干扰素受体结合，诱导靶细胞产生多种抗病毒蛋白，如 2'-5' 寡聚腺苷酸合成酶、蛋白激酶 PKR 等，从而阻止病毒蛋白质的合成、抑制病毒核酸的复制和转录。此外，干扰素还具有多重免疫调节作用，可提高巨噬细胞的吞噬活性、增强淋巴细胞对靶细胞的特异性细胞毒等。将重组人干扰素 α2b 制成栓剂适用于治疗病毒感染引起（或同时存在）的宫颈糜烂。

【实验仪器及材料】

1. 实验仪器

栓剂模具，蒸发皿，融变时限仪等。

2. 实验材料

半合成脂肪酸酯，干扰素 α2b 冻干粉末等。

【实验步骤】

1. 置换价的测定

1）纯基质栓的制备　　称取半合成脂肪酸酯 8 g 置蒸发皿中，水浴加热，待 2/3 基质熔化时停止加热，搅拌使全熔，待基质呈黏稠状态时，灌入已涂有软皂的栓剂模型内，灌模时适当多灌一些，待冷却凝固后削去模口上溢出部分，脱模，即可得到纯基质栓数枚，称重，每枚纯基质的平均重量为 G（g）。

2）含药栓的制备　　称取半合成脂肪酸酯 8 g 于蒸发皿中，水浴加热，待大部分基质熔化时停止加热，室温下搅拌，使基质全熔，称取干扰素 α2b 冻干粉末 1 份（一个西林瓶中的冻干粉末量），分次少量加入基质中，边加边搅拌，待呈黏稠状态时，灌入已涂有软皂的模型内，冷却凝固后削去模口上溢出部分，脱模，得到完整的含药栓数枚，称重，每枚含药栓的平均重量为 M（g），含药量

$$W = MX\%$$

式中，$X\%$ 为含药百分比。

3）置换价的计算　　将上述得到的 G、M、W 代入式置换价计算公式，可求得干扰素 α2b 的半合成脂肪酸酯的置换价。

2. 干扰素 α2b 栓的制备

1）处方

干扰素 α2b	相当于 100 万 IU
半合成脂肪酸酯	适量
制成圆锥形肛门栓	10 枚

2）操作

（1）基质用量的计算：根据干扰素 α2b 的半合成脂肪酸酯的置换价，再按基质量计算公式求得每枚栓剂需加的基质量及 10 枚栓剂需加的基质量。

（2）栓剂的制备：称取计算所得的半合成脂肪酸酯置蒸发皿中，水浴加热，按上述"含药栓的制备"操作，得干扰素 α2b 栓剂数枚。

3．质量检查与评定

1）鉴别实验　　按第 153 页第九章实验二方法检查，应为阳性。

2）物理外观检查　　本品为乳白色或微黄色的栓剂。检查栓剂的外观是否完整、表面亮度是否一致、有无斑点和气泡、是否为中空。

3）重量差异检查　　取栓剂 10 粒，精密称定重量，求得平均重量后，再分别精密称定每粒的重量，每粒重量与平均重量相比较，超出重量差异限度的药粒不得多于 1 粒，并不得超出限度 1 倍（表 10-1）。

表 10-1　栓剂平均重量差异限度

栓剂平均重量	平均重量差异限度 /%
≤1.0 g	±10
1.0～3.0 g	±7.5
>3.0 g	±5

4）融变时限检查　　测定栓剂在体温（37±1）℃下软化、熔化或溶解的时间。取栓剂 3 粒，在室温放置 1 h 后，按照片剂崩解时限规定的装置和方法（各加挡板一块）检查。除另有规定外，脂肪性基质的栓剂应在 30 min 内全部熔化或软化变形，水溶性基质的栓剂应在 60 min 内全部溶解。

5）pH 检查　　按照《中国药典》2015 版三部 pH 测定法（通则 0631）检查，pH 应为 6.5～7.5。

6）生物学活性　　按照第 153 页第九章实验二的方法，生物学活性应为标示量的 80%～150%。

7）微生物限度检查　　按照微生物计数法（通则 1105）、控制菌检查法（通则 1106），以及非无菌产品微生物限度标准（通则 1107）等 2015 年版《中国药典》的要求，进行微生物限度检查。

【注意事项】

（1）半合成脂肪酸酯为油溶性基质，其体积受温度变化影响较大，因此灌模时基质温度不宜太高，若温度过高，容易导致以下现象：①在冷却后发生中空和顶端凹陷；②基质黏度低，药物易沉降，最后影响栓剂药物含量均匀度。故最好在混合物黏稠度较大时灌模，灌至模口稍有溢出为度，且要一次完成。

（2）脱模时，应在适宜时间。若冷却的温度不足或时间短，常发生粘模；相反，冷却温度过低或时间过长，则又可产生栓剂破碎。

（3）为了保证所测得置换价的准确性，制备纯基质栓和含药栓时应采用同一模具。

【思考题】

（1）计算干扰素 α2b 与半合成脂肪酸酯的置换价。

（2）根据实验数据完成一份干扰素 α2b 栓剂的分析报告。

本章参考文献

崔福德. 2008. 药剂学（第 6 版）. 北京：人民卫生出版社：191-198.

孙敏哲，赵健铤，李修琴，等. 2016. 栓剂的研究与应用进展. 广州化工，44（13）：1-3.

中国药典委员会. 2015. 中华人民共和国药典 2015 年版三部. 北京：中国医药科技出版社.